地学ノススメ

「日本列島のいま」を知るために

鎌田浩毅　著

ブルーバックス

カバー装幀 芦澤泰偉・児崎雅淑
カバー・本文イラスト 玉城雪子
本文デザイン 齋藤ひさの(STUDIO BEAT)
本文図版 さくら工芸社

はじめに

地球は宇宙空間に浮かぶ一個の星です。そのことは誰でも知っています。では、その知識はどうやって得たのでしょうか。そもそも「地球」と言っても、地面が丸い球でできていることを実感することはできません。小学生でも知っている「地球は丸い」ことを証明するのは、それほど容易なことではないのです。

二一世紀に生きる私たちは、おびただしい量の知識が集積した上で暮らしていますが、その一つ一つは、先人たちが大変な苦労を積み重ねて獲得した知識です。その「知」の歴史をたどることは、人類の活動そのものを知ることでもあるでしょう。しかも、知的好奇心を満たすだけではなく、私たちの住む地球がいかに特殊で、かけがえのないものであるかを認識することにも繋《つな》がるのです。

私は地学を専門とするようになって四〇年ほど経ちますが、その間に地球の不思議にたえず魅せられてきました。とくに、この二〇年は京都大学で学生と院生たちへ地学を教えながら、その面白さと生活上の有用性を説いてきました。講義では「人はいかに地球を認識してきたのか」という話が、初めて地学を学ぶ若者たちを惹《ひ》きつける格好の材料でした。

たとえば、人間の「自然を知りたい」という知的好奇心によって地学がどのように誕生したか、は大変おもしろいテーマです。さらに、四〇〇年前にデカルトによって自然科学の方法論が確立されて以来、科学者たちの努力によって驚くべき地球の姿がいかに明らかになったか、といった「教材」は、地学を最初に学ぶ上で最も興味深いアイテムのひとつでしょう。と同時に、今後の地球がどうなるかを占う未来予測にとっても非常に重要な知識なのです。

こうした理由から、以前より私は京大での講義で「おもしろくてタメになる」というモットーを掲げながら、知識が学生たちの将来に役立つように工夫してきました。

しかし残念ながら、京都大学のように研究を主目的とする大学の講義はあまりおもしろいものにはならず、学生たちの評判は決して高いものではありませんでした。私が担当する一・二年生向けの「地球科学入門」の講義も、ご多分に漏れず若者の興味を惹《ひ》くものではありません。

そこで私は、京大の講義がおもしろさと有用性を併せ持つものとなるように、二〇年ほど腐心してきました。その一つの試みが、縦書きの「新書」を教科書に使って講義を行うというものでした。

通例、理系科目は数式が並んだ横書きの厚い教科書を使います。しかし私は、これでは初学者に興味を繋ぐことは難しいと考えて、『富士山噴火―ハザードマップで読み解く「Xデー」』（講談社ブルーバックス）を執筆し、これを教科書として使いました。結果は上々で、閑古鳥《かんこどり》が鳴いていた「地球科学入門」の講義は、立ち見が出るまでになりました。

本書はこのときの経験を活かして、地学の素人の方々にもわかるように平易に、かつ身近な話題を用いて「地学の全体像」が理解できるように組み立てたものです。なぜこのような本を書こうと思ったかというと、講演会の質疑応答などを通じて、「地学とはどういう学問なのか」が一般社会ではよく知られていないことに気づいたからです。そもそも「地学とは何か」を解き明かすベーシックな本が、世の中になかったのです。

地学は「地を学ぶ」と書き、われわれ人類が生きている基盤を学習する学問です。具体的には、硬い岩盤のある地球（固体地球と呼びます）、水や空気が流れている海洋と大気（流体地球と呼びます）がどうしてできたのかを明らかにします。さらに、固体地球や流体地球を取り囲む太陽系の成り立ちを考え、太陽系から銀河系、宇宙へと領域を広げていきます。

それらのすべては、人類の「生存の基盤」を知ることと結びついています。本書はそのための基本的な事項を知ってほしいと考えて書きました。地学のアウトラインを学んだ結果、地学に関心を持つ人々が増え、さらに「地学をやってみよう」という若者が一人でも多く生まれることを願っています。

地学をめぐる問題は、もう一つあります。高校の理科には「地学」の教科が用意されていますが、最近の地学の履修率がきわだって低いのです。

普通科のすべての生徒が選択する基礎科目では、「化学基礎」や「生物基礎」が九〇パーセントを超えるのに対して、「地学基礎」は三四パーセントでしかありません。さらに、その先で「地学」を選択する生徒は、わずかに一・二％しかいないという報告があります。すなわち、日本人全員の一〇〇分の一しか高校できちんと地学を学んでいないのです。

これは地学に関心がないのではなく、大学受験用の科目として地学が選ばれにくいのが原因です。以前は理科の四教科はすべてが必修であり、私が通っていた筑波大附属駒場高校の地学は、生徒にとって非常に興味をそそる科目の一つでした。ところが現在では、大学が受験に指定する科目が物理・化学・生物の三科目であることがほとんどで、そのため、地学を開講する高校が激減してしまったというのが実情です。

しかし、高校の地学には、二一世紀になってからの研究の最先端が教えられるという特徴があります。ほかの科目と比べてみると、違いがよくわかります。

数学では一七世紀までに発達した微積分などの内容が教えられ、化学では一九世紀までに発見された内容までが教科書に載ります。また物理では二〇世紀初頭に展開された原子核物理学までが教えられ、生物では少し時代が下りますが二〇世紀後半に進歩した免疫や遺伝子操作までが入っています。

これに対して地学では、まさに今世紀になって新しい研究が展開中のプルーム・テクトニクスや、地球温暖化問題が教科書で扱われているのです。私が「出前授業」で高校生に地学を教える際にも、前の週に印刷された論文の最新の内容を紹介したりしています。つまり、地学には、現代に生きる人々に身近でかつ必要な材料がそのまま使われているのです。

近年の私は、専門領域である火山研究に加えて、「科学の伝道師」としての活動を行っています。その大きな理由は、地学は日本人にとってきわめて重要な知識だと考えるからです。

日本列島では地震や噴火が頻発していますが、これは二〇一一年に起きた東日本大震災（いわゆる「3・11」）と関係があるのです。あのマグニチュード9という巨大地震によって、日本列島の地盤は不安定になりました。最近よく起きる地震と噴火は、地盤に加えられた歪《ひず》みを解消しようとして発生しているのです。

こうした事実に対して私は、一〇〇〇年ぶりの「大地変動の時代」が始まってしまった、と警鐘を鳴らしてきました。おそらく今後、数十年という期間にわたって、地震と噴火は止むことはないと予想されています。

これに加えて、おびただしい数の人を巻き込む激甚災害が近い将来に控えています。すなわち、首都直下地震、南海トラフ巨大地震、富士山をはじめとする活火山の噴火などの、地球にまつわる自然災害が、いつ起きても不思議ではない時代に入っているのです。こうした大事なことを学校で学ぶ機会が減っているのは、国民的損失ではないかと私は危惧しています。

地学の知識は、単に好奇心を満たすだけではなく、災害から自分の身を守る際にもたいへん役立つものです。その意味からも、私は一人でも多くの日本人に、地学に関心を持っていただくことを願っています。そのために日本列島で始まった種々の地殻変動がいかなるメカニズムで起きているかを理解し、効果的な対処をしていただきたいのです。

イギリスの哲学者フランシス・ベーコンが説いた「知識は力なり」というフレーズは、まさに現代の日本社会に当てはまるものです。本書では地学の中でもわれわれに身近なテーマに絞り、ポイントをわかりやすく解説しました。読み終えた暁《あかつき》には、地学が「おもしろくてタメになる」ことに賛同していただけるのではないかと思います。

では、人類が三〇〇〇年もかけて築き上げてきた地学の世界へご案内しましょう。

鎌田浩毅

地学ノススメ　目次

第3章 過去は未来を語るか——斉一説と激変説

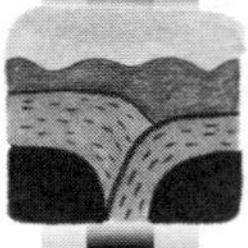

第4章 そして革命は起こった——動いていた大陸

第5章 マグマのサイエンス——地球は軟らかい

第6章 もうひとつの革命——対流していたマントル

第7章　大量絶滅のメカニズム――地球が生物に襲いかかるとき

第8章　日本列島の地学――西日本大震災は必ず来る

第9章 巨大噴火のリスク――脅威は地震だけではない

コラム

第1章

地球は丸かった

―人類がそのことに気づくまで

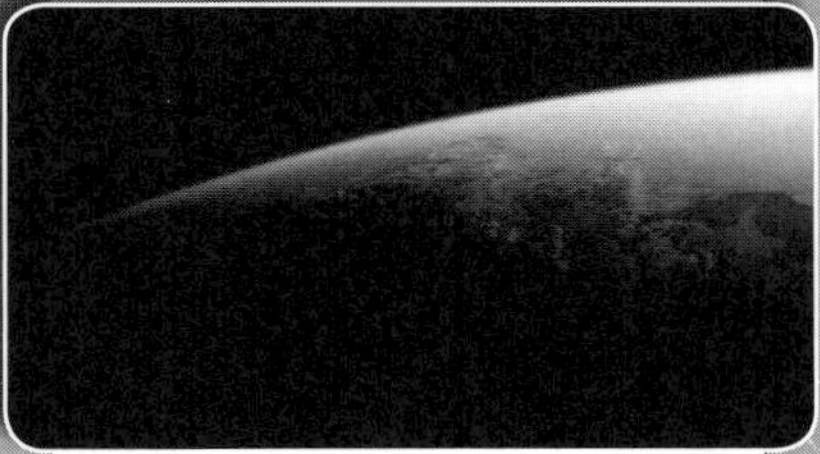

宇宙から見た地球。この星が球形であることに人類が気づくまでに、何千年もの時を要した。それは地学という学問誕生の過程でもある（NASA）

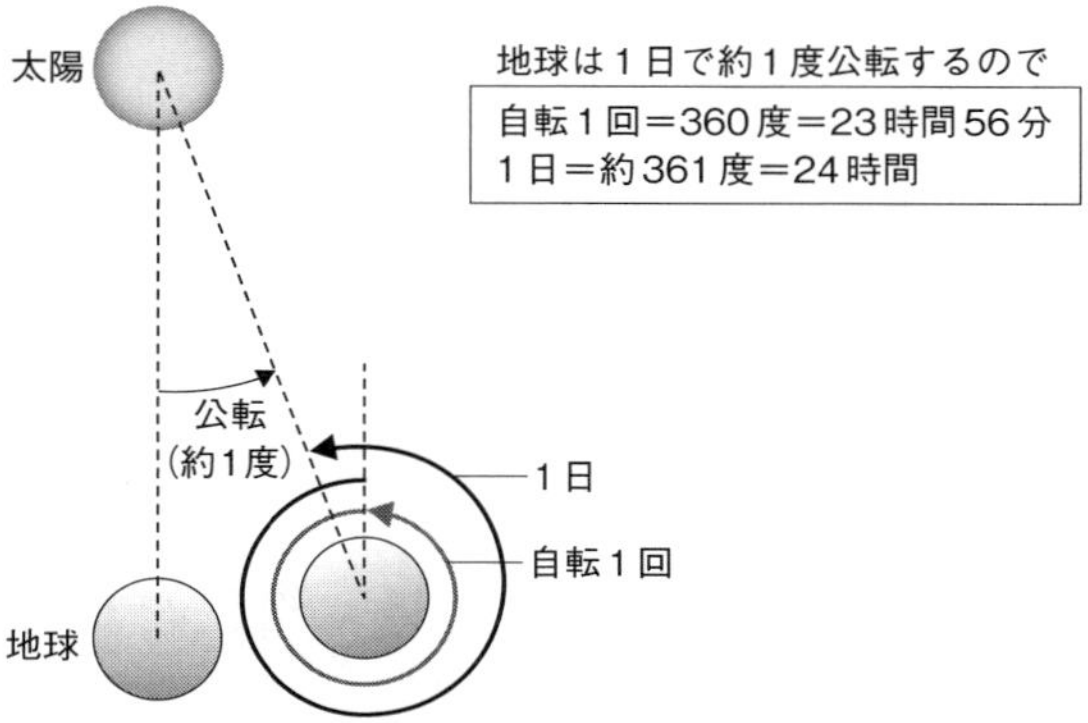

図1－1　地球は1回自転する間に太陽の周りを約1度、公転しているため、自転1回が1日とはならない

夜空を見上げるとたくさんの星が輝いています。これらの星をひとつずつ繋げて古代人は星座を考え出しました。ギリシア神話やローマ神話の英雄は、こうした星座に数多くの名を残しています。古代の人たちにとって、天空の星は現代のわれわれよりはるかに身近で大きな存在だったのです。

さて、地球は太陽の周囲をまわっていますが、この太陽自体が夜空でまたたく星と同じ仲間です。いずれも「恒星」と呼ばれるもので、自らが莫大なエネルギーを出しながら光を放っています。

その結果、太陽は五〇億年近くもの長いあいだ輝いてきましたが、地球上の生物にも大きな恩恵を与えています。すなわち、地球が太陽を周回しているあいだに適度の量のエネルギーを受けとり、生命が維持されているのです。

「地動説」としてよく知られているように、太陽が地球の周りを動いているのではなく、地球が太陽を周回しています。一年かけて太陽をぐるりと一周するのが「公転」です。そのあいだに地球は、自らが回転する「自転」を行っています。二四時間ほどかけて回るので、この時間は自転周期と呼ばれています。

正確には、地球の自転周期は二三時間と五六分というように、一日の長さとして決められた二四時間より少し短くなっています。こうした数分のずれは、地球が自転しながら、同時に太陽の周りを公転しているために生じたものです。

そもそも私たちが一日と決めている長さ（二四時間）は、地球が自転する周期ではなく、地球から見た太陽の動きで決められたものです。地球と太陽の関係を表した模型で、地球が太陽の周りを公転している様子を見るとよくわかります（図1－1）。こうした現象は「地上から見た太陽の日周運動を基準としている」と表現されます。

「一年の長さ」が決まるまで

では、一年の長さはどのようにして決められたのでしょうか。一年は三六五日と人間が決めたと思っている人が多いのですが、正確にはそうではありません。先ほどと同様に、一年の長さも地球と太陽の関係によって決まっているのです。もう一度、地球が自転しながら太陽の周りをぐるりと公転している様子を見てください。

地球が太陽を一周する際、地球から見て太陽が元の位置に戻るまでどのくらい時間がかかるでしょうか。これは正確には三六五・二四二二日です。

すなわち、三六五日よりも少しだけ長い時間で、太陽を周回しているのです。このことを「地球の年周運動は、三六五・二四二二日である」と表現します。

このような長い数字を使うのは不便なので、三六五日に丸めてみましょう。そこで、暦で三六五日を一年とすると、三六五日より少し長い時間がかかる分だけ、ズレが生じてきます。

これを解消しようとして、四年に一回だけ一日多い「閏年《うるうどし》」を入れるのです。こうして自然界で何億年も続いてきた天体の動きと、人間が生活するために必要な暦がズレないようにしています。

さて、ここでもう一つ問題が発生しました。四年に一回、三六六日ある閏年を入れると、今度は一年が三六五・二五日となります。これでは数百年たつと、同じように別のズレが生じて、暦が天体の動きと合わなくなってくるのです。

したがって、このズレを解消するために、今度は閏年を減らす作業を行います。すなわち、四〇〇年に一〇〇回の閏年を入れるところを、三回減らして九七回にしました。こうした細かい調整によって、太陽系という自然界と人間の生活が齟齬《そご》をきたさないように工夫しているのです。

私はこのエピソードが好きです。人類は誕生以来、自然に翻弄《ほんろう》され、従うだけの時代から、自然を克服し、さらに支配する時代へとつきあい方を変えてきました。治水や医学をはじめとする技術の発達は自然との戦いの歴史でもあり、その営みはいまも続いています。さらに現在では、地球温暖化問題など、自然といかに共存するかが課題となっています。

一方で、宇宙の摂理に属する天体の動きに対しては、さすがの人間も勢力下に置くことを最初からあきらめています。私はここに、いかなる権力者もかなわない自然の偉大さを感じるのです。自然界に対し謙虚になって、数年ごとに人が自らの暦を調整する姿には、清々《すがすが》しいものがあるのではないでしょうか。

ちなみに、ここで紹介した暦システムが、現在世界中で使われている「グレゴリオ暦」と呼ばれるものです。日本では明治五年（一八七二年）に採用され、それまで使われていた太陰太陽暦からグレゴリオ暦に改暦されました。具体的には、明治五年一二月二日の翌日を、明治六年一月一日（グレゴリオ暦一八七三年）としたのです。

なお、グレゴリオ暦の由来は、中世ヨーロッパでそれまで使われていたユリウス暦に対して、ローマ教皇グレゴリウス一三世が変えさせたことによります。一五八二年のイタリアの話ですが、カトリックの支配が強い国では、直ちにグレゴリオ暦へ改暦されました。

一方、カトリックと対抗するプロテスタントや正教会の国々では、なかなか導入されませんでした。驚くべきことにロシアでは二〇世紀初頭のロシア革命までユリウス暦が使われていたのです。

ここでユリウス暦についても説明しておきましょう。これは共和政ローマ期の終身独裁官であったユリウス・カエサル（英語読みでジュリアス・シーザー）が、天文学者に命じてつくらせた暦です。

紀元前四五年から施行されたユリウス暦は、グレゴリオ暦と比べてみると一年の長さが一一分ほど長いものでした。古代から中世を通じて暦の基準とされたユリウス暦ですが、一〇〇〇年以上もの長いあいだ使われたため、自然界の動きとのズレが無視できないほどになりました。これを何とかしようとグレゴリウス一三世が改暦に踏み切った、という経緯があります。

このように地球の動きと人間活動を合わせようと、古代からさまざまな知恵が絞られてきたのです。

地球はどうやら球形らしい

さて、次に地球の「形」と「大きさ」について考えてみましょう。古代ヨーロッパの人たちは、大地はどこまでも続く平面でできていると考えていました。その後、地球が丸いと考えられるようになったのは、古代ギリシア時代に当たる紀元前六世紀頃からとされています。

では、「地球は丸い」という認識は、どのようにして得られたのでしょうか。現在の私たちは、宇宙船に乗って地球が丸いことを直接目で見ることができます。ところが、人工衛星はおろか、新大陸も発見されていなかった古代の人たちも、知恵を絞って地球が丸いということを知ったのです。ここで、当時の社会が持ち得た最先端技術を駆使して、人が地球の形と大きさに関する認識を得た興味深い歴史を振り返ってみましょう。

いまを遡《さかのぼ》ること二五〇〇年ほど昔のことです。地球が丸いと最初に唱えたのは、古代ギリシアで活躍していた数学者のピタゴラス（前五七〇～前四九六）と、彼に連なる学派の人たちです。彼らは日常の風景からこの事実を導き出しました。

船に乗って沖合から陸へ向けて近づくときの話です。船上では最初に山頂など陸地の高い所から見えはじめます。その後、次第に平地や海岸線が見えてきます。その反対に、船が沖へ遠ざかる様子を浜辺から見てみましょう。

最初に船体が水平線に隠れてゆき、やがて船の一番高い場所にあるマストが消えていきます。このような現象が起きるのは、地球が平らではないからだとギリシア時代の人々は考えたのです。

さらに、地球が丸い形状を持つことに対しては、数学者としての発想が反映していました。すなわち、数学こそは大自然を支配しているものであると考えていた彼らは、地球の形として数学的に完全な「球形」が最もふさわしいと考えたのです。

これは思弁的な結論でしたが、いまから見ても納得できないものではありません。というのは、天空に地球が浮かんでいる様子を、シャボン玉が浮かんでいる状態から類推することが可能だからです。何千年も後になってわかったことですが、物質に表面張力が均等に働くと、球状の形をとるからです。

その後、二三〇〇年ほど前の哲学者アリストテレス（前三八四～前三二二）は、夜空の月に地球の影が通過するとき、その影が丸いという事実に気づきました。すなわち、月食の際に見られる地球の影が円形であることから、地球は丸いと考えたのです。

ちなみに、アリストテレスはアレクサンドロス大王の幼少時に家庭教師をした人物です。思考力だけでなく観察力にも秀《ひい》でていたことは、彼が残した知的生産物の総体である『アリストテレス全集』（岩波書店）からも窺《うかが》えます。

こうした観察に加えて、満天の星に対して星座を描いていたギリシア人たちは、星を見る場所が南北に移動するにつれて、天空の星の位置が変わることを知っていました。

たとえば、北極星の高度は、北に行くほど大きくなります。その理由は、地球がどこまでも平らな面ではなく曲面からなるからではないか、と彼らは推論しました。こうして古代の人たちは、地上や星で見られる現象をていねいに観測することによって、たくさんの事実を積み上げながら、「地球は丸い」と結論づけていったのです。

このように、地球はギリシア時代から、学者のみならず一般市民にとっても大きな関心の的でした。そして「地学」という学問の萌芽が、自然観察と論理的思索の両方によって見られるようになっていったのです。そもそも地学とは、地球についての観察、実験、理論のすべてを包含する学問なのです。

たとえば、われわれは事実を確かめるために極地まで出かけます。火山学者の私はフィリピンの奥地にあるピナトゥボ火山までも調査に行きますが、これを「フィールドワーク」と呼んでいます。こうした研究手法は「現場主義」もしくは「本物主義」といわれるもので、実物を自らの目で観察して、現象の本質を把握する方法論を持ち、最初の情報インプットをとても大切にします。

これは「百聞は一見に如《し》かず」と表現してもよく、天然物に直《じか》に触れることで、人が本来持っている想像力が喚起され、その生成のメカニズムを見抜く扉が開かれるのです。事実、私自身も火山学に開眼したのは、野外のフィールド経験によってでした。

二〇代の頃、九州の阿蘇火山に出会って火山に夢中になったのです。それまでは、大学の理学部地学科を出たにもかかわらず、恥ずかしいことに火山の「カ」の字も知らない状態でした。

野外観察のあと地学が、室内実験、シミュレーション検討、モデル化、理論構築といった定番のプロセスをたどるのは、他の自然科学と共通するところです。私の火山研究も、こうした道を

図1－2　エラトステネスの肖像

たどりました。

「地球の大きさ」に挑んだ男

さて、次に、地球の大きさについて、われわれの祖先はどのようにして知ったのでしょうか。これは形を類推するよりもはるかに難しい課題でした。ここでも古代ギリシアの数学者たちは、当時すでにある技術を使って、おおよその地球のサイズを突きとめていました。

地球一周の距離を測るという難題に挑戦し、最初に成功を収めたのは、エラトステネス（前二七五～前一九五）でした（図1－2）。優れた数学者で天文学者でもあった彼は、アレクサンドリアの図書館長をしていました。図書室にあった膨大な数の本の中から、シエネ（現在のエジプト・アスワン）というアレクサンドリア南方にある町の深井戸に興味深い現象が記録されているのを知りました。

この井戸では夏至の正午にだけ、底にある水面まで太陽の光が届くというのです。これを使ってエラトステネスは、地球の大きさを求めることを思いつきました。紀元前二三〇年ころのことです。

ここで、天気のとてもよい、夏至の日の昼を考えてみましょう。正午に垂直に立てた棒には、まったく影ができないという事実が、その本には書かれていました。何ということもない現象のようですが、エラトステネスはたいへん不思議に思ったのです。

たとえば、日本に住むわれわれにとって、太陽のつくる影は、横にまっすぐ伸びているのが普通です。しかしシエネでは、夏至の正午だけ、この影がまったくできなかったというのです。シエネは北半球の中でも低緯度で赤道に近く、ほぼ北回帰線上にあります。

次に彼は、アレクサンドリアの他の場所では、垂直に立てた棒の影がどうなるか、を調べてみました。その結果、他の地域では、夏至の正午でもわずかながら影が伸びていることを確認し、地域によって陽の射す角度が規則正しく変わることを見つけたのです。

こうした現象が起きる理由についてエラトステネスは、地球が平面ではなく立体であるからだと考えました。すなわち、地球の表面が曲がっているため、緯度が上がるにつれて太陽の高度が変化する、と考えたのです。そして多くの学者たちと同じように、地球は立体の中では均整のとれた球の形をしているに違いない、と推察しました。

そして驚くべきことに、この現象を用いれば地球の全周が計算できる、と彼は考えたのです。この点が、単に棒の影を漠然と眺めていた普通の人たちとは大きく違うところです。エラトステ

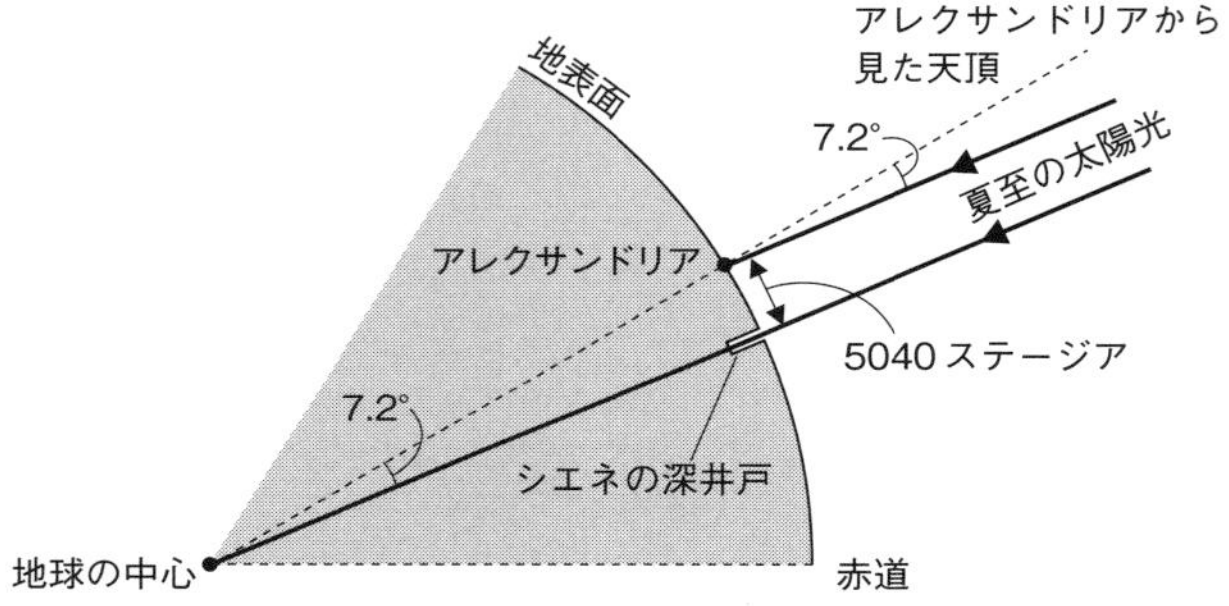

図1－3　地球の大きさを求めるためにエラトステネスが用いた方法
（大河内直彦氏による図を一部改変）

ネスが行ったことを、具体的に追ってみましょう。

子午線の長さを測る

夏至の日の正午、シエネの深井戸では真上にある太陽が、アレクサンドリアでは七・二度、南のほうに傾いていました（図1－3）。この七・二度という角度は、地球の中心とアレクサンドリア、そしてシエネの三点がつくる角度でもあります。

太陽の光は非常に遠くから来るので、地球上では平行光線になっています。そう考えると、この七・二度は、アレクサンドリアとシエネの緯度の差ということになります。あとはアレクサンドリアとシエネの距離を知ればよいことになります。

ちなみに、当時のアレクサンドリアとシエネの間では交易がきわめて盛んだったため、両者の距離もだいたいわかりました。エラトステネスは、アレクサンドリア－シエネ間を商人たちが移動する日数や歩数から、当時のものさしで五〇四〇ステージアと求めました。ここで一ステージアはおよそ一八五メートルと換算できるので、現在のものさしでは九三二キロメートルほどになります。

アレクサンドリアとシエネの緯度は異なりますが、経度はほぼ同じです。よって、地球の中心、シエネ、アレクサンドリアの三点を結んでできる三角形の大きさから、地球の全周が計算できると考えたのです。

ここで、地球を南北方向に、つまり縦方向に輪切りにして考えてみましょう。地球の大きさを導き出すということは、「子午線《しごせん》」の長さを求めることを意味します。子午線とは、「北極と南極を通って一周する縦の円周」のことです。

地球一周の長さ、すなわち子午線の長さは、簡単な比の計算から求められます。三角形の計算から、シエネとアレクサンドリアの距離は地球全周の三六〇分の七・二倍、すなわち五〇分の一倍に相当します。両者の数字をかけると、地球一周は二五万二〇〇〇ステージアになります。これはおよそ四万六〇〇〇キロメートルと計算されます。

この数字は、現在知られている地球の全周四万キロメートルともかなりよく合っています。すなわち、いまから二二〇〇年も昔に求められた地球の大きさは、それほどまちがってはいませんでした。つまり、驚くべき精度で求められていたことになるのです。

こうしてエラトステネスは地球の大きさを測ることに、見事成功しました。結果の正確さもさることながら、論理的手法によって知りたい答えに迫る考え方が、現代から見ても自然科学者としてたいへん優れていたと言えるでしょう。

彼が求めた値は、実際の地球と比べてわずか一五パーセント大きいだけでした。まだ科学技術のなかった当時の状況から考えても驚異的な数字であることが評価され、エラトステネスは「測地学の父」と呼ばれるようになりました。測地学とは地球を正確に測る地球科学の一分野で、GPS（汎地球測位システム）などもこの研究の成果です。

地球は本当に球形か

地球の大きさをめぐる、その後の歴史も紹介しておきましょう。地球が丸いことを現実に証明したのは、一六世紀の大航海時代に帆船での地球一周に挑んだポルトガルの探検家フェルディナンド・マゼラン（一四八〇頃～一五二一）です。

マゼランの船隊は一五一九年九月二〇日にセビリアから出発し、西回りで世界一周を果たし（マゼラン自身は途中のフィリピンで客死）、一五二二年九月六日に帰国しました。ところが、航海日誌の日付と、戻ってきたときの日付が一日ずれていたのです。

航海のあいだ日誌をつけていた隊員が気づいたことですが、西へ航海を続けて地球を一周し、出発地へ戻った場合、太陽の運行と同じことをしたため二四時間だけ先に進んだことになります。これはまさに地球が丸いという決定的な証拠となりました。こうして、西洋では一般人にも地球が丸いという事実が認識されるようになりました。

古代ギリシアのエラトステネスも、地球の形が真ん丸であると考えていましたが、ここから、地学のドラマが始まりました。一七世紀になると、地球が完全な球体なのかどうか、学者たちは疑問を持つようになりました。

当時、地球の「重力」に関する考察が進み、起伏の多い地球上では重力がどこでも同じはずがない、という考えが出されました。そして一六七一年にフランスの天文学者ジャン・リシェ（一六三〇～一六九六）は、振り子の時計を用いた観測を行いました。

パリで正確に調整した時計が、赤道付近では一日に二分半ほど遅れることを発見したのです。彼は、赤道で時計が遅れた理由は、低緯度のほうが地球からもたらされる「引力」が小さいためではないか、と考えました。

「万有引力の法則」に従い、地球そのものが引っ張る引力は、すべて地球の中心に向かっています。一方、地球が自転することによって「遠心力」が生じます。この遠心力は回転の中心にある南極と北極ではゼロに、また赤道では最大となります。

地表にあるすべての物体にかかる重力は、引力と遠心力を合わせた力になります。その結果、南極と北極では重力は引力と同じ力となりますが、赤道では遠心力の分だけ重力が差し引かれます。

一七世紀イギリスの物理学者アイザック・ニュートン（一六四二～一七二七）は、自分が発見した万有引力の法則が正しいとすると、赤道では重力が小さいことから、地球は低緯度のほうがわずかだけ膨らんだ「回転楕円体《だえんたい》」の形をしていると考えました。回転楕円体とは、楕円を中心軸のまわりに回転させたときにできる形のことをいいます。

そして彼は実際に、赤道方向に膨らんだ回転楕円体の直径を計算してみました。地球は自転による遠心力のため、扁平率《へんぺい》一／二三〇という割合だけ、赤道方向に膨らんでいる形をしていると予想したのです。一六八七年、ニュートン四五歳のときの仕事です。

「地球の形」をめぐる国際論争

ところで、この事実は歴史的には簡単に認められたわけではありません。一七世紀～一八世紀に、「地球の形」をめぐる国際論争が起きました。すなわち、赤道方向に張りだした扁平状の楕円体か、南北に伸びた縦長状の楕円体（つまりラグビーボールの形）かをめぐって、ニュートンとカッシーニという二人の科学者の間で激しい論争が始まったのです。

カッシーニはイタリア生まれのフランスの天文学者です。土星を回る衛星や環のすき間を発見したことで有名で、パリ天文台の初代台長も務めました。彼はニュートンの重力理論を認めず、地球は南北方向に伸びた回転楕円体であると主張しました。

そこでフランス学士院（アカデミー）は、両者のどちらが正しいのかに決着をつけるため、一七三〇年代に、地球の南北へ測量隊を送って実際に計測することにしました。なお、このとき学士院が測量隊を派遣したのは、カッシーニの説に軍配を上げるためだったといわれています。

測量隊は北極に近いスカンジナビア半島のラップランドと、赤道上のスペイン領ペルー（現・エクアドル）で、緯度一度分の経線の長さをそれぞれ計測しました。北半球ではうまくいきましたが南半球では困難を極め、七年九ヵ月もかかったあとの一七四三年に、ようやく測量が完了しました。

その結果はフランス学士院の期待に反して、極半径のほうが赤道半径よりも二〇キロメートルほど短いというものでした。すなわち、地球が扁平な回転楕円体であるというニュートン説が正しいことが実測によって証明されたのです。

こうして、地球は赤道の長さのほうが、北極と南極を通る長さよりも少し長い形、つまり球を上下に少しつぶしたミカンのような形をしていることがわかりました。この一件以後、ニュートン力学は自然科学の世界で確固たる地位を築くことになったのです。

したがって、地球一周分の長さは「二つある」ことになります。一つは赤道の長さで、四万七七キロメートル、もう一つは北極と南極を通る長さで、四万九キロメートルですが、みなさんは地球一周の距離はおよそ四万キロメートルと覚えておけばよいでしょう。

さらに、この測定結果は、長さに関する標準を決める際の「基準」を与えるという大きな成果ももたらしました。一七八九年に起きたフランス革命時に制定された長さの単位「メートル」は、この測定結果が起源となっています。すなわち、地球の極から赤道に至る長さの一〇〇〇万分の一を「一メートル」と定めたのです。

人工衛星で地球を測る

では、現代では、正確な地球の姿は実際にどのようにして突きとめられているのでしょうか。地球の形は、地球のまわりを周回する人工衛星の観測によって非常に精密に求められています。

人工衛星は地球重力の影響を受けて地球を周回します。よって、人工衛星の軌道を注意深く観測すれば地球による「重力場」を知ることができます。ここで重力場とは、重力の作用する空間のことです。

そして、重力とは、地球上の物体が地球から受ける引力を意味します。われわれにはこの重力は、物体の重量として感じられます。言い換えれば、物体の重さの原因となっている力でもあります。

そして地球全体で見ると、地球上のすべての物体に対して二つの力が働いています。すなわち、地球の「万有引力」と地球自転による「遠心力」の二つです。人間にはこの二つの力の合力が、物体の重量として感じられるのです。

ちなみに、地球の引力（万有引力）は、自転による遠心力の三〇〇倍も強いものです。そして重力場とは、こうした重力が働く空間すべてのことを言います。

さて、人工衛星を用いて重力場を知ったら、今度は「ジオイド」（geoid）と呼ばれる仮想の地球の形を考えます。ジオイドとは、海水面で置き換えた仮想的な地球の形であり、ここから地球の外形が求まるのです。

ここで、なぜジオイドという概念を導入したかを説明しておきましょう。これには、地球の形をどう表すかという問題が関わってきます。

もっとも単純にいえば、実際の地表面を地球の形として考えればよさそうです。ところが、現実の地表面は山あり谷ありといった非常に起伏の激しいもので、全地球の形として採用するには不便です。そこで、地球の形を代表するものとして、思考上の曲面を定めたのです。

まず海上では、平均的な海水面をジオイドとしました。そして起伏のある陸上では、運河のように海水面が陸地に入ってきた場合の水面をジオイドと設定しました。海水面の延長となるであろう面を、仮想的に世界中の陸地と考えたのです。

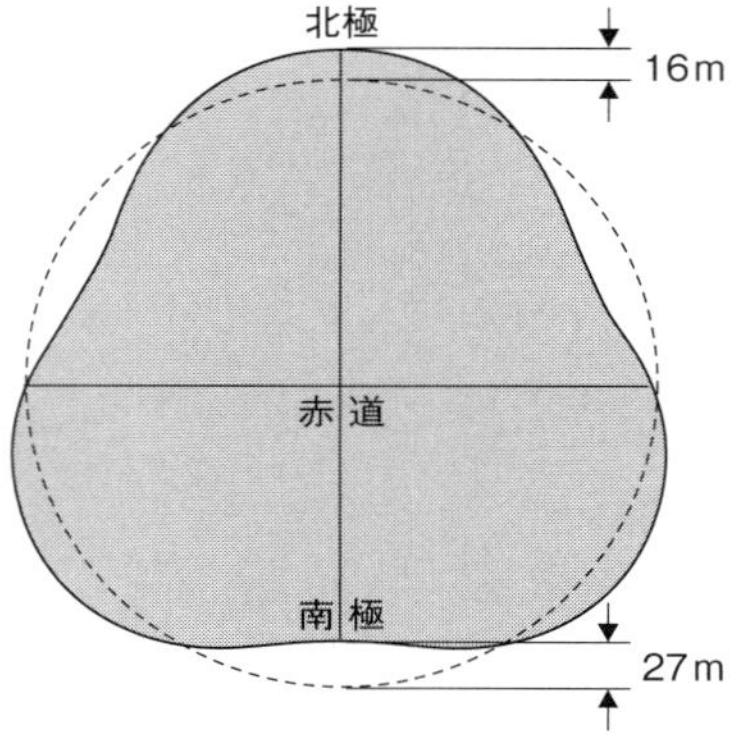

図1－4　人工衛星の軌道解析から求められた西洋梨の形をした地球
（古在由秀氏による図を一部改変）

宇宙空間から見ると、ジオイドの面は凸凹《でこぼこ》してはいますが、海も陸も繋がったものとして、地球の形を簡単に扱えるようになりました。

ジオイドによれば、地球の形は理想的な回転楕円体よりも少し歪《ゆが》んでいます。その意味では果物の洋梨のようなイメージともいえます（図1－4）。とはいえ、実際には地球はパチンコ玉よりもはるかに球に近く、洋梨の形からはほど遠いものです。

ここで、地球がどのくらい横に飛び出しているのか、見てみましょう。いま仮に、地球の直径が一〇〇メートルだとすると、洋梨のように出たり引っ込んだりしている部分は、一ミリメートルです。一〇〇メートルに対する一ミリメートルなので、凸凹がいかに小さいかがわかると思います。

したがって地球の形は、「厳密に言うと完全な球ではなく、さらに完全な回転楕円体でもなく、学者としては洋梨とでも言いたい」という程度の非常に丸い形だったのです。

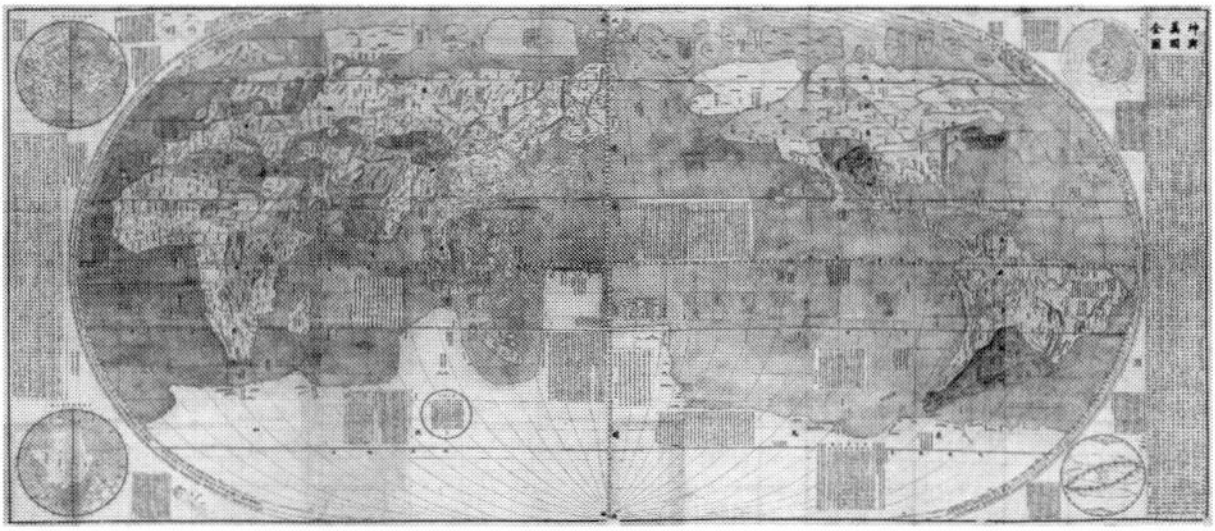

図1－5　1602年に中国で刊行された「坤輿萬國全圖」

さらに現在までの精密観測によると、地球は洋梨の形というよりもジャガイモのように、不規則な凸凹がある形であるとも考えられています。

このように、地球の形に関する人間の認識は、丸い完全な球から、上下につぶれたミカンの地球、洋梨の地球、ジャガイモの地球、というように、多様な凸凹を持つ地球へと理解が進んできたのです。

歩いて地球を測った男

次に、「地球が丸い」ことが日本ではいかにして知られたかをみていきましょう。日本人がこの事実を知ったのは、一六世紀にやってきたキリスト教の宣教師たちによってです。

たとえば、ルイス・フロイスの『日本史』には、織田信長が一五八〇年（天正八年）に地球儀を持っていたということが書かれています。また、天正遣欧少年使節は一五九一年（天正一九年）に豊臣秀吉へ、ヨーロッパでつくられた地球儀を献上し

図1－6　伊能忠敬が「大日本沿海輿地全図」を作成する際に用いた測量器具（千葉県香取市　伊能忠敬記念館所蔵）

ました。

こうした結果、江戸時代になると多くの知識人は地球が丸いことを知っており、長崎の出島で地球儀を見ることのできた日本人も少なからずいました。ちなみに、「地球」という言葉は、一六〇二年に中国で刊行された「坤輿《こんよ》萬國全圖《ばんこくぜんず》」に書かれています（図1－5）。この世界地図はイタリアから中国にキリスト教伝道のためにやってきたイエズス会士のマテオ・リッチ（一五五二～一六一〇）が作ったもので、江戸時代の新井白石も見ています。

地球が丸いことは、こうした地図によって鎖国時代の日本でも広まっていきました。現在、この地図は東北大学図書館などのホームページで見ることができます。

さらに、一九世紀になると、地球の大きさ、すなわち子午線の長さを実際に歩いて測った人もいました。伊能忠敬《いのうただたか》（一七四五〜一八一八）は、日本全国の地図を作成する際に、地球の大きさを正確に求めるために、緯度一度当たりの距離を計測しました。

彼が最初にやったのは、一定の歩幅で歩く訓練でした。そして、自分の一歩が六九センチメートルであることを正確に求めました。次に、歩数から歩いた距離を積算し、一七年かけて全国を旅することで、ついに「大日本沿海輿地全図」を作成したのです。

ちなみに、彼は夜間には北極星などの星を観測し、自分の位置を割り出すとともに、昼間にやった測量が正しかったかどうかも確認しています。北極星の高度から、緯度の違いを正確に求めたのです。

伊能忠敬が地道に歩くことで計算した緯度一度当たりの距離は、驚くべきことに現在わかっている値とほとんど変わらないほど誤差の小さなものでした。彼が用いた測量器具は現在でも残っています（図1-6）。

こうして人類は、その時代にあった最先端の技術を駆使して、地球の姿を突きとめてきたのです。

コラム①

鎌田先生はなぜ地学の研究者を志したのですか？

私は学部（東京大学理学部）を卒業して就職した職場が、たまたま地学の研究所でした。その最初の仕事で九州に出かけたときの経験が、地学者を志すきっかけとなりました。火山がつくった広大な大地で「地球の息吹」を肌で感じたのです。

研究の事始めは、火砕流に関するものでした。火砕流とは火山が大噴火してマグマを四方八方へ撒き散らす現象です。私は過去の火砕流が大地に残した地層を観察して、それがどの方向へ流れたのかを明らかにしました。

地質学ではインブリケーション（覆瓦《ふくが》構造）と呼ばれる堆積構造があります。岩石が規則正しく斜めに傾いて並んでいるもので、河原に敷き詰められた岩石（礫《れき》といいます）でよく見られます。私はこの堆積構造が高温の火砕流による堆積物にもあることをくわしく記述して、火砕流の流動方向を決定したのです。

その手法は地質学に特有のものでした。まず、最初に野山をてくてくと歩き、地層を丁寧に観察しながら野帳《やちょう》にその方向を記録していきます。その結果、九重火山（大分県）から七万年前に噴出した飯田《はんだ》火砕流が、どこから来

火山を歩く心地よさは最高!　宮城県と山形県の県境にある活火山・蔵王火山の御釜火口を紹介する筆者

て、どこへ流れくだったのかを突きとめました。実際にフィールドに出て研究図をつくることによって、大昔の各地点での流動方向が、まるで見てきたかのようにわかってきたのです。

結論としては、火砕流は九重火山の中岳や星生山のあたりから噴出したことが判明しました。九重山は現在でも噴気のたなびく活火山ですが、噴火当時ははるかに大きな火砕流噴火をしていたことがわかったのです。その距離、なんと二〇キロメートル!

この仕事は私の初めての火山研究で、その年に日本火山学会で発表し、そのあと国際火山学会で海外の研究者にも議論してもらい、国際学術雑誌に英文で発表しました。私にとって最初に書いた、懐かしい論文です。こうして九重火山は、私の「マイ火山」となりました。

鎌田先生は
なぜ地学の研究者を
志したのですか？

この研究で私が一番惹《ひ》かれたのは「フィールドワーク」でした。科学は実験室などの屋内でするものだと思っていたのですが、野外に出て自然界に触れて初めて、その不思議が明らかになることの魅力を知ったのです。

山道を歩き、体を動かしていると、頭が活性化し、新たなアイデアがふつふつと湧き上がってくるのを感じました。広々とした九州の火山の大地で、風を感じ、土の匂いを嗅ぎ、気温変化を直接肌で受けとめながら、山をひたすら歩きました。

室内で立てた仮説が、フィールドワークから実証されるプロセスは、やってみれば誰もが夢中になる知的生産です。五官のすべてを使いながら、考えをめぐらすのです。そこにはほかのどんな仕事にも代え難い心地よさがあり、私は次第に地学のフィールドワークに惹かれていきました。

二五歳の駆け出し研究者のころ、地学を一生続けていきたいと思った瞬間のエピソードです。

第2章 地球の歴史を編む

―地層と化石という「古文書」

伊豆大島で過去2万年間にわたって噴出した火山灰とスコリア（黒っぽい軽石）が降り積もった地層の、大切断面の縞模様（鎌田浩毅撮影）

地球は四六億年という長い年月をかけて進化してきました。そのプロセスでは、単純な物質が次第に複雑な物質へと変化するという現象が起きたのですが、これは地上に残された物質から確認されます。

たとえば、岩石や地層をくわしく観察し、分析することによって、地球の成り立ちに関する情報が得られました。ときには、地層に含まれる生物の化石を用いて、地層の順番や年代を判断します。物質的にも生物的にも、「単純なものから複雑なものへ」置き換わってゆくという変化が、地球の歴史の本質なのです。

本章では、こうした歴史を地上に残された事実からていねいに読み解く方法を紹介します。岩石や地層に記録されている情報には、大きく二つの項目があります。一つ目は「いつ」それができたのかという「時代の情報」です。すなわち、個々の現象に時間軸を入れる作業です。もう一つは、こうした現象は過去のいかなる環境で起きたのかという「環境の情報」です。地球は熱かったり冷たかったり、水が多かったり少なかったりと、環境が目まぐるしく変化してきました。よって、どの時代に、いかなる環境であったのかは、地球の歴史を見る上でも大変重要な項目です。

以下では、この二つの項目について、「地質学者」と呼ばれる人たちがこれまで、いかに苦労して「時代の情報」と「環境の情報」を編み上げたかを追ってゆきましょう。

地層累重の法則

地層がいつ形成されたのかを知ることは、実は、それほど簡単ではありません。というのは、地層にはカレンダーのように直接的に「時」を示す情報が含まれていないからです。したがって、まず地層と地層の関係を推理し、間接的に時代の情報を読みとる工夫をします。

実際に野外へ出ると、切り立った崖にたくさんの地層が積み重なっているのを見かけることがあります。岩石や地層が地表に露出しているところを「露頭《ろとう》」といいます。岩石や地層の頭が露出しているという意味です。こうした露頭を見つけて、くわしく観察するといろいろなことがわかります。

地層に隠された情報を読みとるには、まず下から上の地層へと並べることで、過去に起こった出来事に順番をつけることができます。そして、地層が次々と積み重なっているという観察事実から、下の地層ほど古くて上の地層ほど新しい、という考えが思い浮かびます。これはこれで正しいので、地質学上の重要な法則となりました。「地層累重の法則《ちそうるいじゅう》」と呼ばれるものです。

この法則は当たり前のことを言っているように思えるでしょうが、実は含蓄があります。

基本的な現象としては、地層は堆積するときに、先に堆積した粒子の上に新しく粒子が重なります。当然ながら、上に乗った粒子ほど、堆積した時代は新しいといえます。これが、「地層は累重する」という原理です。

ところが、実際の露頭では、不思議なことが起きるのです。たとえば、山口県の秋吉台では、地層が折れ曲がり、うねっています。これを地質学では「褶曲《しゅうきょく》」といいます。

大きくうねった結果、最初は水平に積もったはずの地層が、傾いて垂直に立ち上がっているのです。なかには傾きが大きくなって、地層全体がひっくり返っている場所もあります。

すなわち、ひっくり返った露頭では、見かけ上の下位の地層ほど新しく、見かけ上の上位の地層ほど古い、ということが起きています。このようなところでは、地層が堆積したときに時間を戻して、地層の上下を考えなければならないのです。

地層全体がひっくり返ったのは、地層が堆積したあとに「地殻変動」が起きたからです。日本列島のような世界有数の変動帯では、こうした「地層の逆転」は至るところで見られます。また、ヒマラヤやアルプスなど、過去に造山運動があった地域でも、地層が激しく褶曲し反転している場合があります。

しかし、地層の堆積時に戻れれば、「積み重なった地層では、上に重なっている層ほど新しく、下の層ほど古い」という原理は必ず成り立っているのです。よって、この当たり前とも思われる法則は、地球の歴史から「時代の情報」を読み解く上での第一法則となりました。

もう一つ、地層を観察する際に初学者がよく勘違いすることがあります。目に見える地層の

「厚み」と、堆積した「時間」が必ずしも一致しない、ということです。

たとえば、落ち葉や動物の死骸など有機的な物質が積もった地層は、わずか十数センチメートルの厚さしかないものでも、何百年もかけて形成されています。一方、火山の噴火に伴う火砕流堆積物の場合には、一〇〇メートルもの厚さの地層がわずか数時間で積もります。

さらに、太平洋の海底など深さ数千メートルの場所では、一センチメートルの泥が堆積するのに一万年もかかります。

このように、堆積した物質によって、形成にかかった時間は大きく異なるのです。よって、野外で地層を観察する際には、何が積もっているのかをていねいに見て判断する必要があります。

地層の対比と「鍵層」

地球誕生から四六億年にわたる地球の歴史を、地層から読み解くには特別な方法があります。過去に堆積したすべての地層が一ヵ所に積み重なっているような場所はありません。そのため長い歴史を調べるには、離れた場所にある地層どうしを繋げる必要があります。

離れている地層と地層を繋げるには、地層の色、含まれる岩石、粒子のサイズなどの特徴を見つけ出すことが大きなポイントになります。また、地層の中にある細かい筋や縞《しま》模様の様子も、重要な情報となります。こうした特徴をもとに、地層どうしを一つずつ繋げてゆくのです。

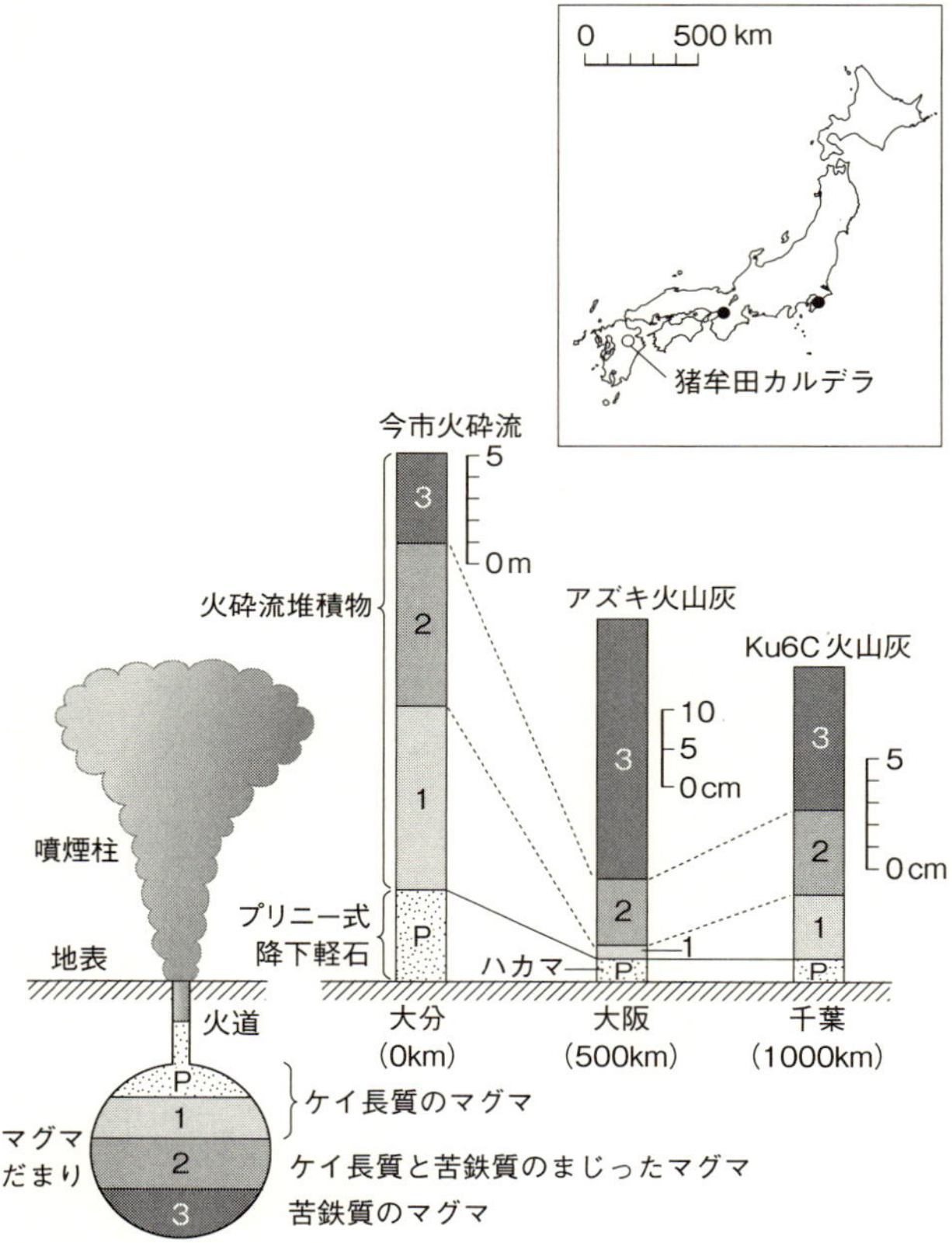

図2－1　遠方に堆積したアズキ火山灰と供給源の火砕流堆積物の対比（筆者作成）
右上の地図は、大阪と千葉でアズキ火山灰とKu6C火山灰が見つかった地点（●）と、今市火砕流の中心にある大分の猪牟田（ししむた）カルデラ（○）を示す。
下の図のPはプリニー式降下軽石のマグマを、1、2、3は今市火砕流のマグマをそれぞれ表すなかには、誰が見ても繫げることが容易に思われる地層が存在します。こうした特徴的な層を「鍵層《かぎそう》」と呼びます。これは文字通り、連続性を追求する際の鍵となる特異的な地層です。たとえば、火山の噴火で広域に撒き散らされた火山灰層は、鍵層のよい例です。火山の噴火によって空中に放出される火山灰は、上空を吹く風に乗って拡散し、短時間のうちに堆積する性質があるからです（図２－１）。

とくに大規模な噴火では、何百キロメートルという広い範囲にわたって降り積もるため、短期間に地層をつくる鍵層としてきわめて有効です。すなわち、地層中に挟まれている火山灰層には、噴火した時期がマーキングされているのです。

図２－１は、九州・大分県の猪牟田《ししむた》カルデラから噴出した火山灰が、遠く大阪府や千葉県で確認された例です。「アズキ火山灰」や「Ｋｕ６Ｃ火山灰」と呼ばれるいまから九〇万年前の火山噴出物が、五〇〇キロメートル先と一〇〇〇キロメートル先に繫がる鍵層となりました。

もし遠く離れた場所に同じ火山灰層が見つかれば、ほぼ同時にできた地層とみなすことができます。さらに、その火山灰が噴出した年代がわかれば、地層が形成された年代が正確にわかります。すなわち、年代が判明している火山灰層は、時間目盛の入った鍵層となるのです。そのほか、こうした火山灰を大量に含む凝灰岩層《ぎょうかいがん》も、鍵層として用いられます。

こうした鍵層を利用して、離れた場所に露出する地層が、互いにどのような関係にあるかを調べてゆくのです。こうした作業は地質学の基本であり、「地層の対比」と呼びます。二つの地層の対比ができると、両者はもともと一続きで同時に堆積したと考えます。

「古文書」としての化石

しかし一方で、鍵層はどんな場合にも有効であるわけではありません。実際に鍵層を用いて対比できるのは、地層が比較的、近距離にある場合に限られます。たとえば、日本とヨーロッパの地層を比べるようなときには使えません。

こうした場合は、世界中の海に広く生息したような生物を探します。すなわち、日本でもヨーロッパでも見つかる生物の「化石」を利用するのです（図2－2）。

過去の状況を具体的に探る手法として、地質学では、古生物が石に変化した化石を用います。古生物学における化石の定義は、「過去の生物の遺骸や生きていた痕跡が残されたもの」で、ここから数多くの情報が取り出せるのです。

化石を産出する地層には、同時に、地球表層の環境も記録されています。また、生息していた生物の形態や機能から、生物の進化を読みとることも可能です。具体的には、生物の行動、生活様式、生息環境などを復元することができるのです。

さらに、たとえ生物そのものが残っていなくとも、生きていた痕跡（「生痕《せいこん》」といいます）自

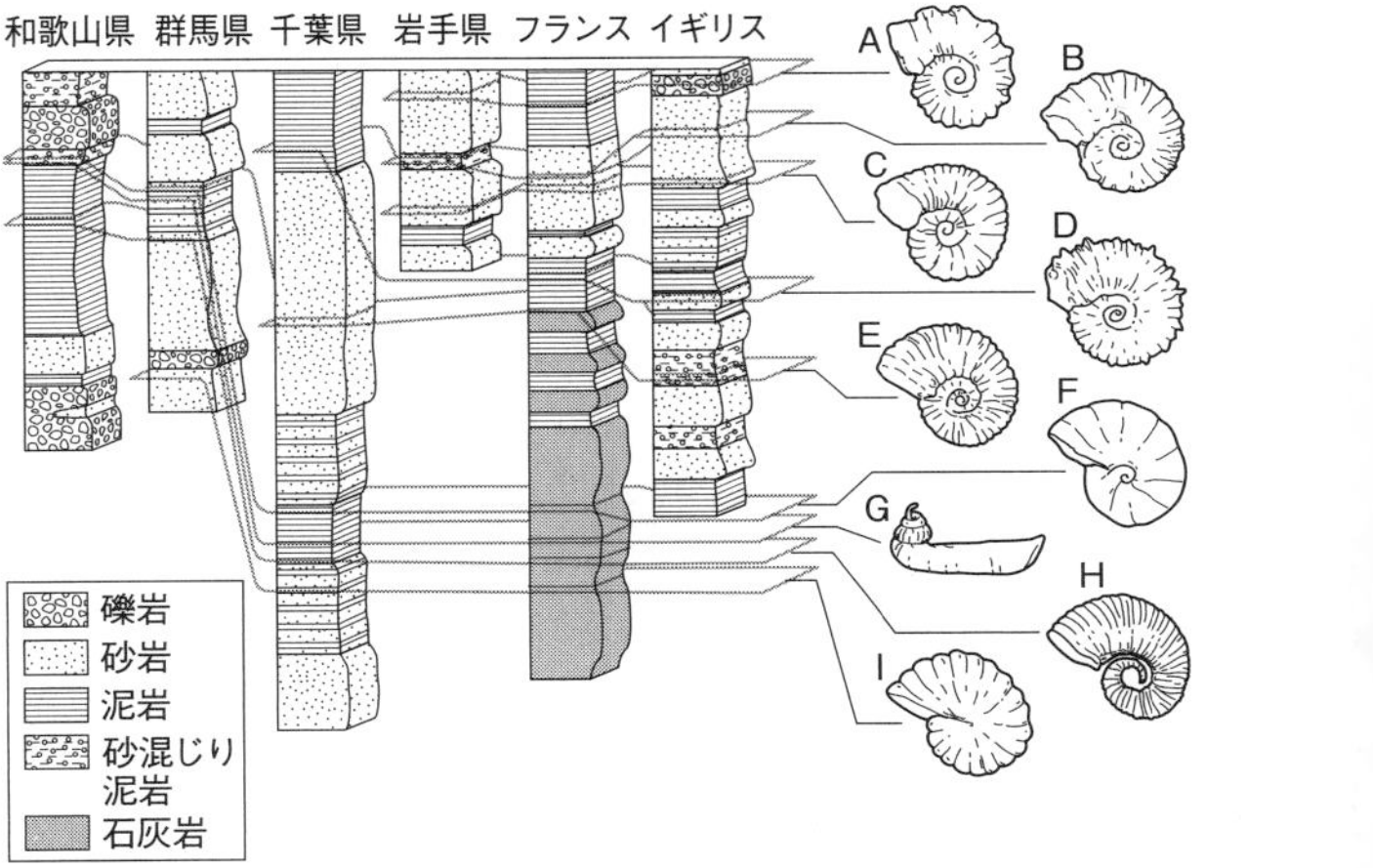

図2－2　中生代のアンモナイト化石による地層の対比
（啓林館『地学Ⅰ』を一部改変）

体も、重要な情報となります。

このように化石は、地質学と生物学の両方の情報を記録した「古文書」として利用することができるのです。

この古文書を解読するには、化石が含まれる地層ができた前後の関係を整理していく必要があります。そのために記録されている当時の環境や、過去の出来事を時系列に従って並べて、くわしく調べていきます。

化石として残るのは、生物の体の中の、ある選ばれた部分だけです。一般的には硬くて分解されにくいものが何億年間も残ります。たとえば、貝殻、骨、歯などの硬質部、また種子、花粉、木質部、鱗《うろこ》などです。一方で、軟組織はなかなか残りません。さらにいうと、体の全部が残ることは非常に稀《まれ》です。

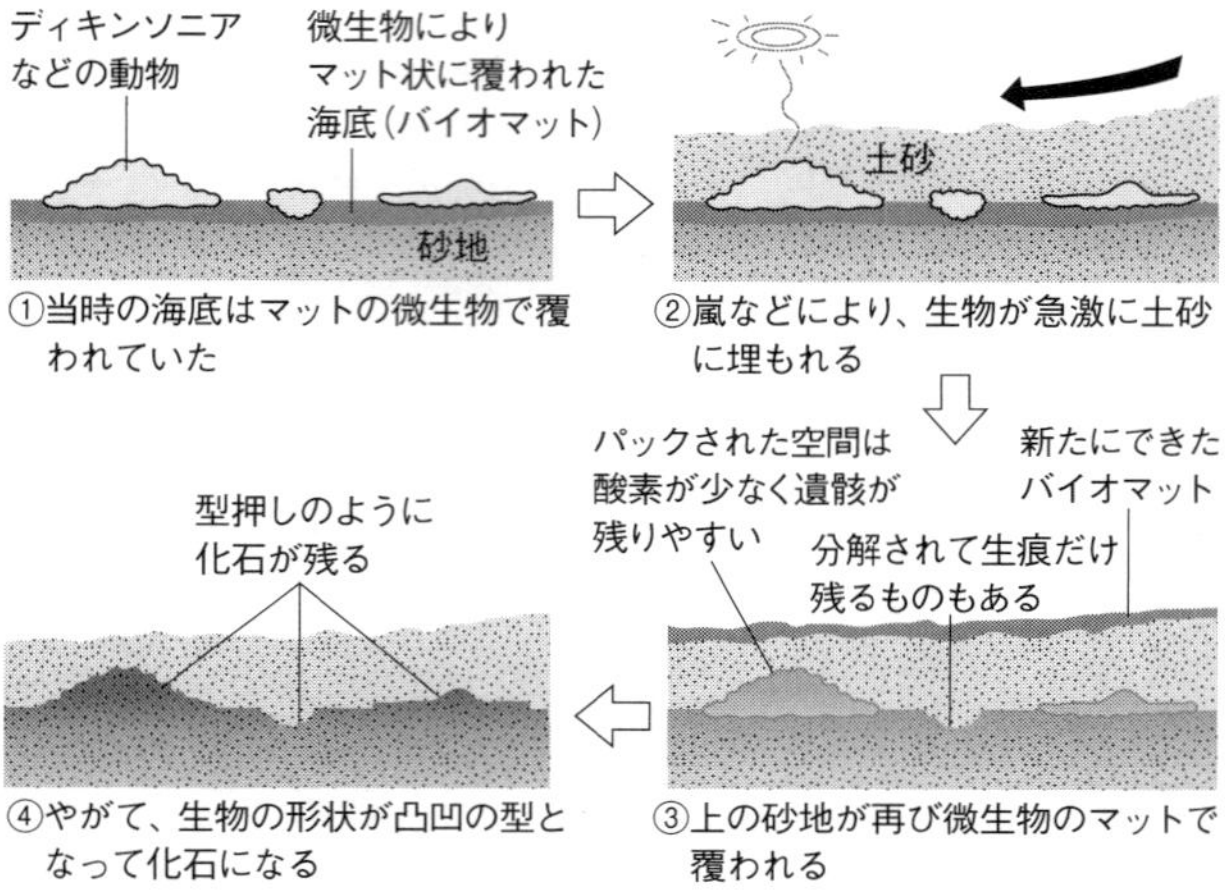

図2-3　印象化石のでき方（川上紳一氏による図を一部改変）

いまから五億八〇〇〇万年ほど前に生きていたエディアカラ生物群の化石に、軟らかい体の形が残されたものがあります。海底のバイオ（微生物）マットにパックされるようにして、遺体が保存されたのです（図2-3）。こうした化石は外形の印象だけが残っているので、「印象化石」と呼ばれています。

実際には、こうした生体の条件のみならず、その後に経過したさまざまな条件をクリアしたものだけが、化石として現代まで残っています。ここで、化石として残るための条件を見てみましょう。

まず一つめの条件は「個体数」です。基本的には生物の体は、炭素・酸素・水素を主体とする有機物からできています。一般に有機物は軟らかい組織でできているため、地中に棲《す》む微生物や海中の水によって、急速に分解されます。

とくに水は、地球上に比較的豊富に存在する二酸化炭素を溶かしていて、弱い酸性を示す場合が多いため、長い時間には骨などの硬組織も溶かしてしまいます。そもそも、化石として残ることは難しいのです。したがってチャンスは、個体数が多いもののほうが大きくなります。つまり、地球上で栄えたもののほうが、化石として残る可能性が大きいといえるでしょう。

次の条件は、「場所」です。生物の死後、遺骸が死んだ場所でそのまま保存されることは少ないのですが、保存されやすい場所に移動したもののほうが、化石として残る可能性は大きくなります。遺骸が壊される前に、分解されにくいところへ移動すると、化石として残る確率が高まるわけです。

また、移動した場所で地層に埋没すると、そのまま長期間にわたって保存されます。したがって、化石として残るには、死後、できるかぎり早く微生物や地下水のない場所で埋積することが必要なのです。

ある特殊な条件が満たされれば、軟組織でも残ることもあります。たとえば、植物の樹脂が化石となった琥《こ》珀《はく》では、黄褐色で半透明の樹脂の中に、昆虫化石が保存されていることがあるのです。現代によみがえった恐竜たちを描いた映画『ジュラシック・パーク』に、そうした場面がありました。

同様に、氷河の中から氷づけになったマンモスが発見されることがあります。これはいわば、冷凍保存された化石です。さらに、乾燥地域からミイラ化した恐竜が見つかることもあります。

一方で、化石は生物体の一部が残されたものだけとはかぎりません。遺骸が石化したもの以外にも、古文書として有用な情報をもたらしてくれる化石があります。

たとえば、過去の生物が行動した跡を示す化石には、移動や居住や排泄など、さまざまな生存の証拠が記録されています。具体的には、陸上や水底を移動する際に残した這《は》い跡や足跡などがあります。

また、居住の証拠としては、生物の巣穴や卵の化石があり、排泄の証拠としては、糞が硬い石となった糞石などの化石もあります。珍しいものには、肉食動物が歯で噛《か》んだ噛み跡など、捕食の証拠となる化石もあるのです。

生物体の一部が残ったものではないこれらを「生痕《せいこん》化石」といいます。このように生息していた証拠が残されているものも、広く「化石」と呼んでいるのです。

時代を示す「示準化石」

地層の中には、しばしば化石が含まれています。生物は何億年もの長い時間をかけて進化してきたので、それぞれの時代ごとに特異的な形の遺骸が残されています。すなわち、異なる地域か

代	紀（億年間）	主要生物の盛衰	示準化石の例			
2.5億年前	ペルム紀（0.45）	古生代型生物の絶滅	ロボク フウインボク フズリナ リンボク		四放サンゴ	三葉虫
	石炭紀（0.73）	裸子植物、原始ハ虫類、昆虫類の出現 リンボク類の発達				
古生代	デボン紀（0.46）	両生類の出現 陸生植物の発達（最初の森林形成）	ハチノスサンゴ			
	シルル紀（0.31）	筆石類の衰滅 三葉虫の衰退 陸地に植物出現 肺魚類の出現	クサリサンゴ	筆石		
	オルドビス紀（0.71）	カッチュウギョの出現　オウム貝類、筆石類の発達				
5.4億年前	カンブリア紀（0.60）	有殻貝類の出現 三葉虫の発達				

図2－4　地質時代の区分と主要な生物による示準化石
（第一学習社『新訂地学図解』を一部改変）

ら同じ形の化石が見つかれば、それらの地層は同じ時代に堆積したと推定することができます。

　このように地層が堆積した時代を知る手がかりを与えてくれる化石を、「示準《しじゅん》化石」といいます。「示準」とは、地層の年代を示してくれるという意味です（図２－４）。ある特定の時代にだけ広く分布していた古生物の化石を多数集めることで、それらを含む地層の時代がわかる、というしくみです。実際には、地層の対比、地層が堆積した時代の決定、地層の区分などに用いられます。

示準化石には、生息していた期間が短く、ある限られた時代に生存していたことが明らかな生物の化石が適しています。また、遠く離れた場所でも年代が比較できるように、広い地域に分布していた生物のほうが望ましいのです。

では、示準化石の例を具体的に見てみましょう。

古生代では、三葉虫や筆石《ふでいし》やフズリナが挙げられます。とくにフズリナは生息していた期間が短いうえに、頻繁に形態が変化していたので、示準化石としてきわめて有効です。次の中生代では、アンモナイトや恐竜の化石が、また新生代では、貨幣石や哺乳類などが典型的な例です。

海に浮遊するプランクトンの化石は、顕微鏡でしか見えないほど小さいので微化石と呼ばれます。とくに硬い殻を持つプランクトンは、地層中に取り込まれても壊れたり変形したりしにくいので、顕微鏡での同定が容易です。たとえば、放散虫・有孔虫《ゆうこうちゅう》・珪藻《けいそう》などです。

これらのプランクトンはもともと個体数が非常に多く、また海流によって広範囲に分布しているので、示準化石としてよく利用されます。こうした化石を用いて地層を細かく区分し、年代測定の結果と合わせることで地層の年代を決める「微化石年代」がつくられています。

また、プランクトン以外に花粉や胞子なども、地質時代を決定するとともに気候変動など過去の地球環境を知る手がかりとして有用です。

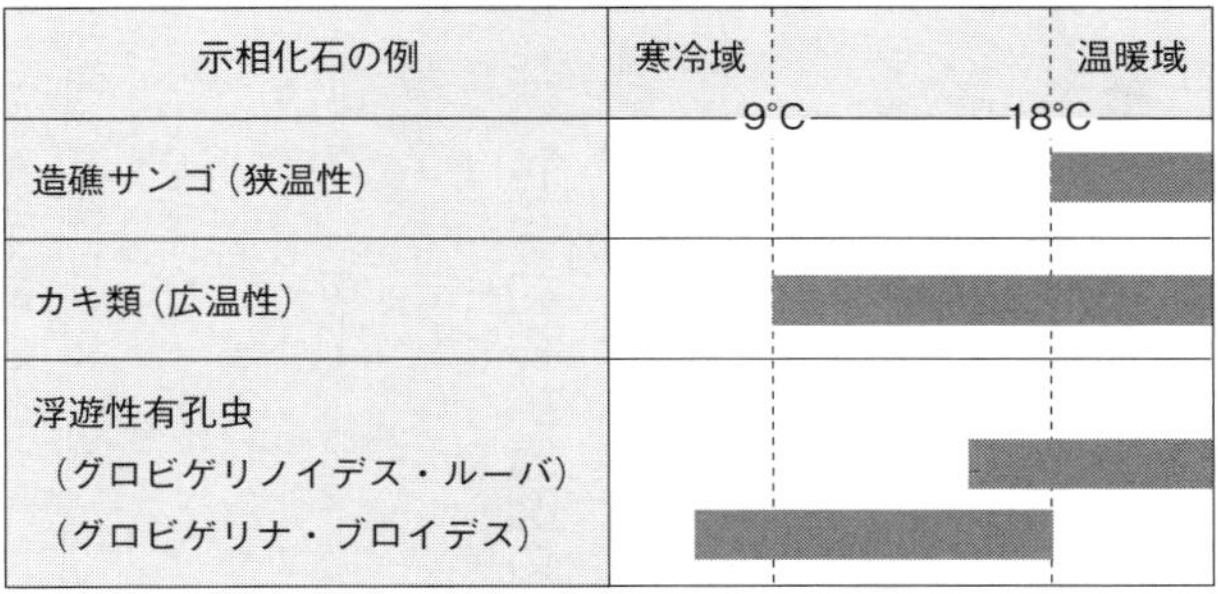

図2－5　示相化石による過去の海水温環境の推定
（第一学習社『新訂地学図解』を一部改変）

過去の環境を示す「示相化石」

生物は種類ごとに、生息する場所が限定されています。そのため生物の化石には、生きていた時代の環境を知る手がかりとなるものがあります。その地層が堆積した場所の環境を表す化石を「示《し》相《そう》化石」といいます（図2－5）。「示相」とは相を示すという意味で、「相」は人相や様相のように、外見上の姿や形のことです。示相化石とは、化石が産出した地層の様相、すなわち地層の環境を示す化石という意味なのです。

　示相化石として用いられるのは、生息場所が限定され、他の生物が生息できない環境に生きていた生物です。生物はすべて特有の環境に支配されて生育していますが、その中でもとくに環境に敏感に反応する種類です。

　こうした生物の化石が、当時の環境をくわしく推定するために役立つのです。たとえば、サンゴは暖かく浅い海でしか生育できません。よって、サンゴが堆積した当時は、温暖な浅海であったと推測されます。また、淡水と海水が混じり合う水域でのみ育つシジミの化石は、河口近傍や湖沼で堆積したことを示します。

一方で、メタセコイアなどの植物では、花粉の化石を手がかりにして、生育していた陸上環境を推定することができます。生息環境の条件が狭い種ほど、過去の環境の特徴を特定しやすいという利点があります。

世界初の地質図の誕生

示準化石と示相化石という二つの種類の化石を用いることで、地球の歴史を編むことができます（図2－6）。ある時代に栄えていた生物は、その時代の象徴的な存在として世界中の地層に化石が残ります。それらを発見すれば、生物によって地層を区分することが可能です。

地球の歴史を記述する基本スケールである古生代、中生代、新生代という地質時代は、地層の重なりと化石によって決められました。いずれも時代名に「生」の字が入っているのは、生物を用いて区分されたからです。

たとえば三葉虫の化石は古生代のみに産出し、恐竜の化石は中生代だけです。なお、地質の年代表が新しい時代ほど上位に書かれるのは、もともと地層の上下をイメージしているからです

（第3章の図3-5参照）。

ところで、これまで述べてきたような地層の順番と年代を知るアイデアを世界で最初に思いついたのは、イギリスの土木・測量技師ウィリアム・スミス（一七六九〜一八三九）です。

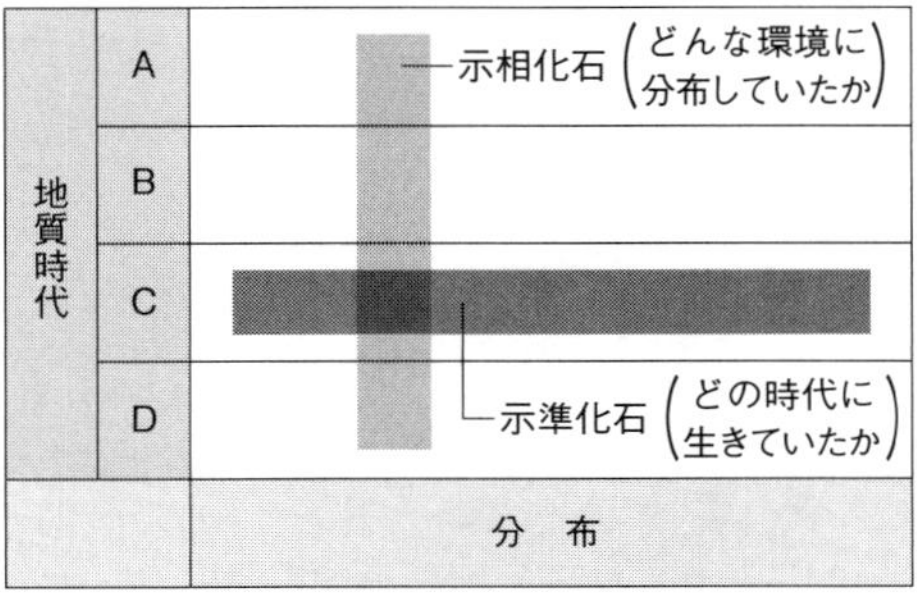

図2-6　示準化石と示相化石（浜島書店『新地学図表』を一部改変）

炭鉱で地質を見る専門家として働いていたスミスはまず、地層の上下関係から地層が堆積した順番を知ることができると考えました。さらに彼は、炭鉱にある地層には特定の化石が含まれていることに気づきました。

こうした化石は離れた場所にある地層にも見つかったため、同一の化石が出れば同じ時代に堆積した地層であるはずと考えました。そして、イギリス中の地層をくわしく調査することで、先に述べた「地層累重の法則」を実証したのです。

スミスは次に、同じ化石がどこまで離れた地層に見つかるのかを調べるために、イギリス国内に存在する、類似した地層を追いかけました。そして、同一の化石を産出する地層の分布をくわしく調べ上げて、一枚の地図に表現しま

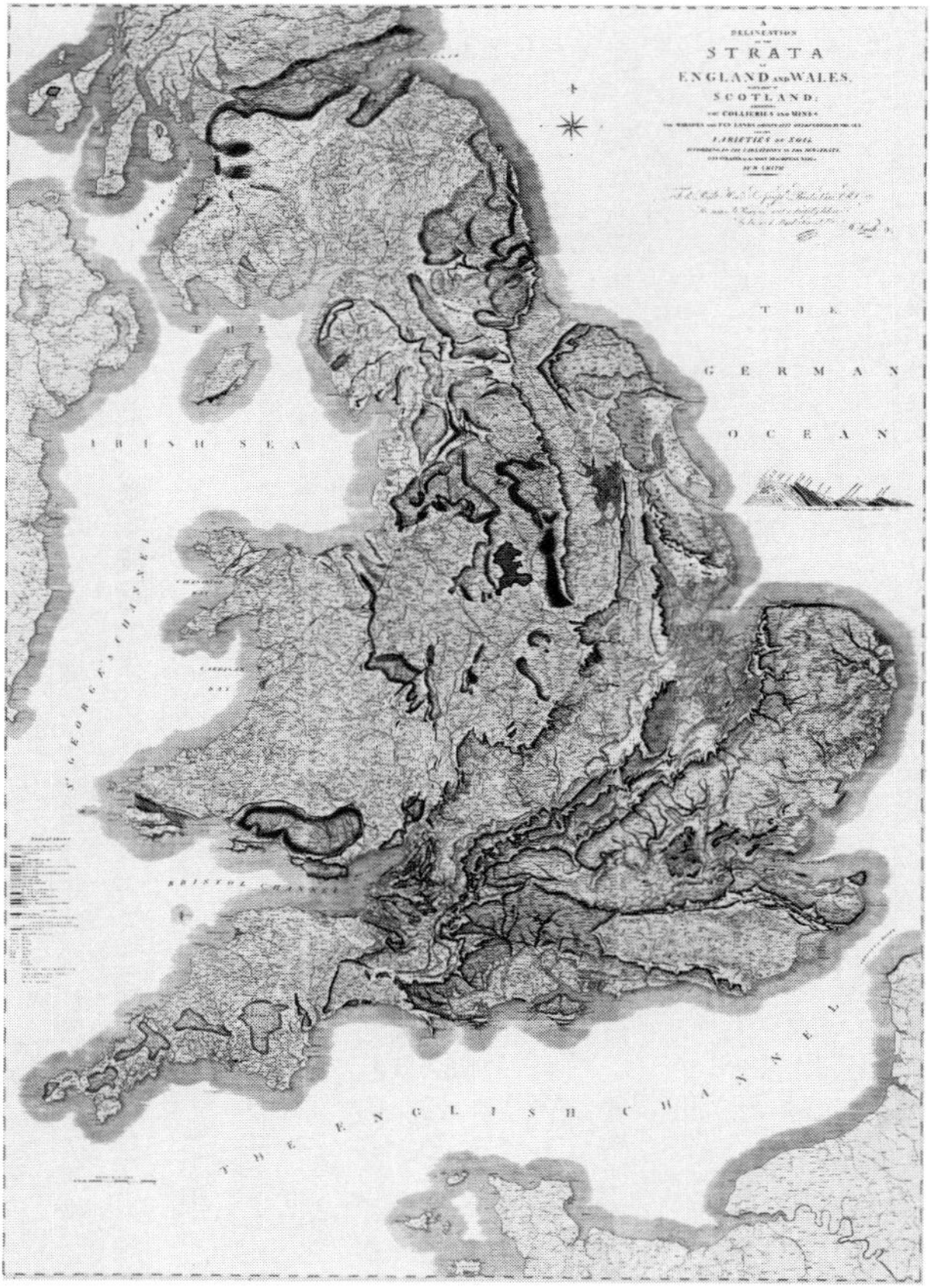

図2-7　ウィリアム・スミスによる世界初の地質図

した。

このような地層の分布を地図上に色分けした地図を「地質図」と呼びます。スミスはイギリス全域の地質図を描くことで、同じ地層が何百キロメートルも連続することを発見しました。彼が世界で最初の彩色された地質図（図2－7）を完成させたのは、イギリスの産業革命が世界を大きく変えている最中の、一八一五年のことでした。

さらにスミスは翌一八一六年に、著書『生物化石によって同定された地層』を出版しました。各地の地層を観察しているうちに、一定の地層には、それぞれ特徴のある化石が含まれていることを見出したのです。

こうした化石を手がかりにすれば、これらが含まれる地層の年代を間接的に決めることが可能であると、彼は考えました。これは示準化石の考え方へと繋がるものです。ここに地質学と古生物学は結合し、その後に、重要な発見が次々となされていきました。

スミスは、進化論で著名なチャールズ・ダーウィンに先んじて、聖書の世界観を覆す発見をしたことから「地質学の父」とも呼ばれています。一方、技術者として波瀾の人生を送ったその業績が認められたのは、晩年になってからのことでした。

ちなみに、スミスの事績を追いかけた『世界を変えた地図　ウィリアム・スミスと地質学の誕生』（早川書房）という優れた歴史科学ノンフィクションがあります。著者のサイモン・ウィンチェスターはオックスフォード大学で地質学を学び、興味深い本を多数刊行している世界有数のノンフィクション作家です。この本では、地下資源の発見や防災上にも大変に重要な地質図が、一九世紀にどう成立したかが見事に描かれています。地味な地質学が社会の中でいかに貢献し、世界を変えていったかについてもよく理解できます。

地質学の原点は「露頭観察」

地質学は「露頭観察に始まり、露頭観察に終わる」といっても過言ではありません。つまり、二〇世紀以後の科学が飛躍的に進展した現在でも、地球科学を進めるために露頭の観察は何よりも重要な一次情報を与えてくれます。

たとえ、いかなる精緻《せいち》な理論を立てようとも、自然界で観察される事実を説明できなければ意味がないのです。そのため地質学者は、海底も含めて、地球表面にある地層と岩石の観察を現在でも精力的に進めています。

スミスによって確立された、地層に含まれた化石をめぐる解釈は、地質学と生物学の発展のみならず、自然観の改変というきわめて大きな影響を残しました。すなわち「科学と宗教の対立」という、近代科学の大きなテーマへと進展していったのです。

これについては、次章でくわしく見ていきましょう。

コラム②
地学を研究していて最も驚いたことは？

地学では、フィールドワークは室内の研究とも深く結びついています。まず、それまで知られている事実に基づいて、論理的な思考を駆使して緻密に仮説を組み立てます。頭をとことんまで使い、これ以上は新しい発想が出なくなったあとで、私はフィールドに出るのです。そして帰ってくると、今度は室内の研究に没頭します。

このようなプロセスを経て、驚くべき事実がわかったことがありました。私が三〇歳になろうかという頃のことです。前述した九重火山でのフィールドワークが、ニュージーランドやアフリカなど、世界の火山現象と結びついたのです。

九重火山の火砕流を研究したあと、私は九重火山や阿蘇火山を含む「豊肥《ほうひ》火山地域」という巨大な火山地域の研究を開始しました。そこには、世界でも珍しい「火山構造性陥没地」という火山特有の地形がありました。しかしそれまで、研究はほとんど手つかずの状態でした。古いタイプの地質学の記述はされていたのですが、いったいなぜここに、このような巨大な火山地帯が誕生したのかが皆目わかっていなかったのです。

思い出深い阿蘇山の、降下軽石と火山灰の地層。9万年前に噴出した「阿蘇4火砕流」の下には過去の噴火が多数、記録されている

折しもこの地域で、通産省（現在の経済産業省）による地熱開発の国家プロジェクトが始まりました。私は地質調査所の職員としてこの仕事に関わり、ボーリング（掘削）データ、年代測定、化学分析、重力構造など、多種類のデータを解析することになりました。

その結果、六〇〇万年間という長期間にわたっての、この地域における活動史が明らかになり、従来とはまったく異なる地学上の描像をつくりあげることに成功しました。具体的には、火山地質学に新しくテクトニクス（変動学）という手法を持ち込んで、博士論文としてまとめたのです（これについては第8章であらためて説明します）。

それだけでも研究者としては十分に意義のある仕事だったのですが、二〇一六年に驚くべきことが起きました。まさに私が研究してきた豊肥火山地域で、大変

地学を研究していて最も驚いたことは？

動、すなわち熊本地震が起きたのです。しかも、その発生メカニズムは、私が三〇年前に研究した内容そのものだったのです。私は非常に驚きました。

そもそも四六億年もの長い時間を経てきた地球を扱う地学では、研究対象が自分の人生の中で「実際に動く」ということはまず経験できません。ところが、豊肥火山地域では、直下型地震は一向に止むことがなく、一年以上にもわたって地震が頻発しています。こうしたプロセスをリアルタイムで観察することで、地学研究者としてもいま、毎日がまさに驚きの連続なのです。

第3章 過去は未来を語るか

——斉一説と激変説

アメリカ・オレゴン州クレーターレイク・カルデラから噴出した火砕流堆積物。マグマの違いにより、白い地層と黒い地層が堆積した（鎌田浩毅撮影）

これまで地層に残された物質的な情報から、何が読みとれるのかを考えてきました。その中でも地層に含まれる化石は、生物の変遷という貴重な事実をもたらしてくれます。

化石とは死んだ生物の残存物ですが、そこからは生きていた時代のさまざまな情報を読み解くことが可能です。古生物学という学問は、化石を蒐集《しゅうしゅう》し、くわしく解析することによって、地球と生命の両方の情報を得ようとして進展した学問です。生物の個体は必ず死滅しますが、その集合体は長い時間に進化します。その情報を、化石は持っているのです。

さらに、生物全体の分布と変遷を追いかけると、新種の誕生と絶滅という現象が見えてきます。ここから化石の研究は古生物学に留まらず、地球の歴史全般の情報を与える貴重な記録となったのです。

現在では、生物が進化と絶滅を繰り返してきた様子から、生命と地球は同時並行で変化してきたこと、すなわち、地球の歴史に関する基本的な構造である「生命と地球の共進化」の姿が明らかになっています。しかし、そこにたどりつくまでには、いくつもの激しい論争がありました。本章では、過去の学者たちは化石を見てどのように考えてきたのかを追いかけてみましょう。

「ノアの洪水」は起きたのか

古生物には、各時代を通じて類似しているものがあります。それらを順番に並べていくと、連

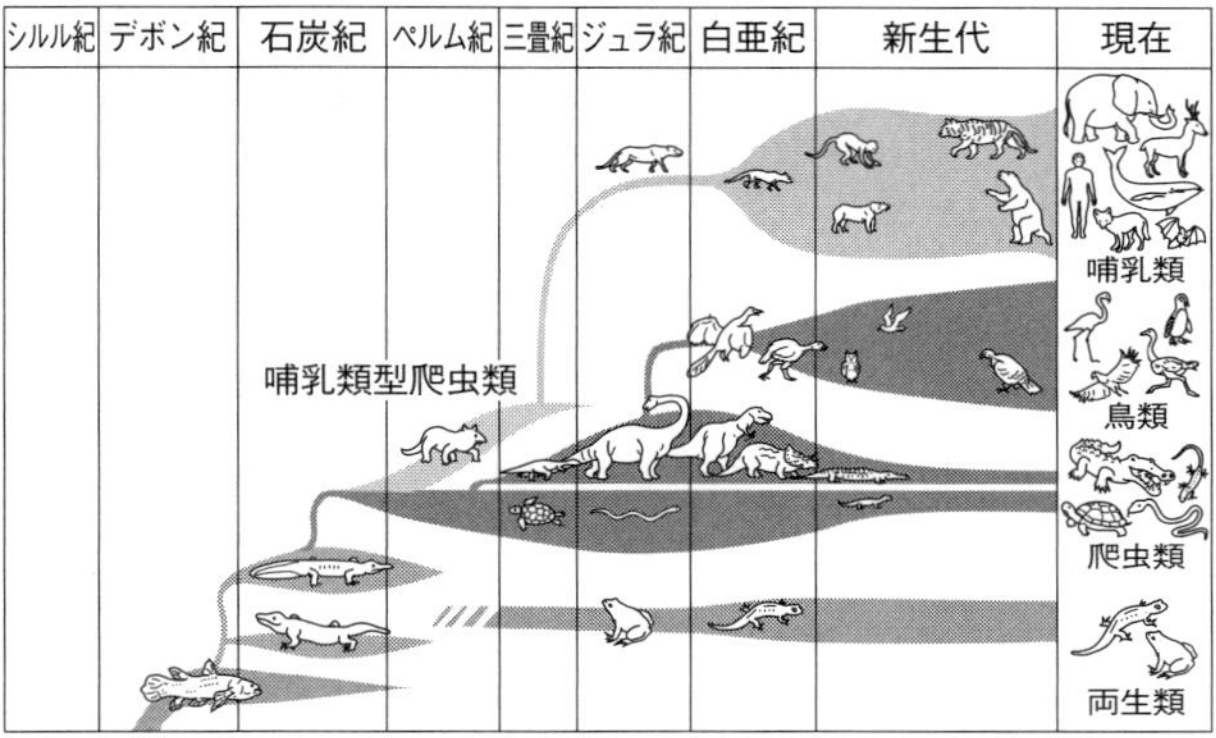

図3－1　脊椎動物の進化
（川上紳一氏と東條文治氏による図を一部改変）

続性が見られる場合と、まったく連続していない場合があります。このような事実は、生物が進化してきた過程を示すものと考えられ、化石からくわしい進化の証拠を得ることができます（図3－1）。

なお、各時代の代表的化石の平均的な進化速度を求めてみると、生物の種としての生存期間は三〇万～四〇万年ほどです。また、属としての生存期間は一〇〇万～三〇〇〇万年ほどです。

こうした化石は、現在の生息域とはまったく異なる場所で見つかることがあります。たとえば、海に棲む貝の化石が、高い山の山頂から発見されます。こうした事実は中世のヨーロッパでも知られており、長いあいだ大きな謎とされてきました。

その理由を正しく推論したのは、イタリアのルネサンス期に活躍したレオナルド・ダ・ヴィンチ（一四五二～一五一九）でした。彼は土木工事に携わっていたときに、かつて海底で生きていた貝の化石が地層に埋積されているのを見て、それらは何らかの地面の動きによって陸地に上がったのであろうと考えました。

当時は、山麓で貝の化石が見つかる原因は、聖書に書かれている「ノアの洪水」によるものだ、と信じられていました。すなわち、大洪水で犠牲になった生物の死骸が山で見つかっているのであり、そのことが聖書の正しさを証明していると考えられていたのです。ヨーロッパでは一八世紀に至るまで、こうした「洪水説」が主流でした。

しかし、ダ・ヴィンチは、山麓にある複数の地層から貝の化石を発見して、こう考えたのです。もし、ノアの洪水によって化石が運ばれたのであれば、化石は一枚の層からしか発見されないはずだ。なぜなら、聖書の記述ではノアの洪水は一回しか起きていないからだ――。

ダ・ヴィンチは、山で海の化石が見つかる理由は、海底が隆起したからであると結論づけました。彼は「アトランティコ手稿」と呼ばれるノートに、ノアの洪水説への反証をくわしく書き記しています。

「ここにひとつの疑惑が生じる。すなわち、ノアの時代に襲来せる大洪水は普遍的なものであったかどうかということである。ここでは、以下述べるようないくつかの理由によって否《いな》であるようだ」(『レオナルド・ダ・ヴィンチの手記(下)』岩波文庫)。

キリスト教が学問を支配していた時代にあって、ダ・ヴィンチの観察結果と推論の的確さは驚くべきものです。なお、こうした手記が公表されたのはダ・ヴィンチが亡くなって一〇〇年以上もたってからでした。

その後、一七世紀デンマークの解剖学者でのちに聖職者となったニコラウス・ステノ（一六三八〜一六八六）は化石を研究し、過去の生物に由来するものであることに気づきました。

化石には現世の生物そっくりに見えるものがありますが、当時は、それは地中で自然に形成されたものという考え方が主流でした。すなわち、岩の中で自然に誕生したものが成長して化石として発掘されたという「自然発生説」です。

これに対してステノは、地中海に泳いでいるサメを解剖し、地中から見つかる「舌石《ぜっせき》」がサメの歯の部分であることを発見したのです。さらにステノは地層に関しても、上に堆積した地層ほど新しいと考え、前章で述べた「地層塁重の法則」を世界で最初に著書で発表しました（一六六九年）。

これを受けて、のちの地質学者たちは、化石から地層の時代や過去の環境を知ることができると考え、化石や地層は聖書の記述よりもはるかに長い時間をかけて形成されたのではないかと推論しはじめたのです。

博物学の誕生

ルネサンス以降、人間の自然に対する見方は大きく変わりました。ルネサンスとは「自分の頭で考える」という空気が世界に流れはじめた時代でした。つまり、神という絶対的な存在はそのままそっと置いておき、まったく別の視点から思索を進めてもよい時代へと移ったのです。

こうして、ダ・ヴィンチの同時代人は、湧《わ》き出てくる数多くの疑問について考え、事実と現象を一つ一つ、記載したのです。画家・彫刻家・建築家・作家を問わずルネサンスに輩出した天才たちにとって、森羅万象のすべてが「これは何？」という不思議に彩《いろど》られた豊かな世界だったのでしょう。

科学はいつも人間の好奇心が新たな地平を拓きます。こうした好奇心をモチベーションとして、古代や中世とは異なる新しい「博物学」が誕生しました。人間による自由な観察によって、自然があらゆる角度から切り取られ、考察されるようになった、きわめて活気に満ちた時代であったと思います。

一七世紀のステノの時代以後、この潮流はさらにダイナミックに展開します。事実の描像が、論理的推論と想像力によって膨《ふく》らんでいったのです。すなわち「博物学」によって蓄積された膨大な量のコンテンツを、「地質学」という新しい学問によって想像力豊かに組み上げていく科学者が誕生しました。

そこには、自然界に必ずある「リアルな事実」を対象としたという点で、たとえ未熟であっても、バーチャル世界に侵食されている現代の学問を超える力強さと興奮の感覚があったと思います。私が本書で「地学の面白さ」として伝えたいことの中身は、こうした堅実なリアル世界なのです。

「百聞は一見に如《し》かず」という言葉通り、事実を自分の目で確かめることが、地学では欠かせない手段です。その認識はいまの研究者にも引き継がれており、クリエイティブな仕事の多くは、自然界に存在する事実を虚心坦懐に観察することから生まれています。

さて、話をステノの時代へと戻しましょう。まず、問題になってきたのは、地球の年齢はどれくらいなのか、ということでした。

「地球の年齢」をめぐる格闘

一七世紀のヨーロッパでは、地球には現在知られているような何十億年といった長い歴史はないと考えられていました。たとえば、聖書に書かれるように、地球は神が六日間でつくり、その後の歴史もせいぜい数千年程度と思われていたからです。

一七世紀アイルランドの大主教ジェームズ・アッシャー（一五八一〜一六五六）は、聖書の記述に基づいて天地創造までの時間を丹念に計算しました。彼は「アッシャーの年代記」と呼ばれる年表を一六五〇年に刊行し、神の天地創造が紀元前四〇〇四年に起きたと結論づけました。

この考えは広くヨーロッパに流布し、一八世紀ころまで地球の歴史は長くても六〇〇〇年程度と考えられていました。実は、物理学者のニュートンも聖書を丹念に読み、地球の誕生時期を紀元前四〇〇〇年ころと推論していたのです。

しかし、黎明《れいめい》期の地質学を立ち上げ、化石の成因論から古生物学の基盤もつくったステノは、まったく異なる事実を明らかにしました。それは、聖書が説く世界創造（地球の誕生）と、その後の事績（地球の歴史）とに、真っ向から対立するものでした。これにより、のちに科学と神学との対決を生みだすという結果がもたらされたのです。

このことからステノは、一七世紀の科学革命に関わった重要人物の一人に挙げられています。

ちなみにステノは、一七世紀を代表する哲学者のスピノザやライプニッツとも親交があり、ライプニッツに大きな影響を与えたとされています。ステノの仕事と人生を描いたノンフィクションとして『なぜ貝の化石が山頂に？　地球に歴史を与えた男ニコラウス・ステノ』（清流出版）があるので、ぜひ読んでください。

なお現在の地球科学では、海の生物の化石が陸上で見つかる理由は、かつて海底だった地域が、第4章で解説するプレート運動による大陸衝突や海水面の下降によって地上に現れたため、と説明されます。

さて、一八世紀になると、地層の成因と地球の年齢について、科学的な検討が始まりました。地層は非常に長い時間をかけて形成され、さらに多様な変成を受けることはわかってきたのですが、それがどのくらいの時間で起きるのかが見当もつかなかったからです。

すなわち、人間の時間スケールを超えた現象を見た場合に、それが一〇〇〇倍も長いものか、数百万倍か、それとも数億倍なのかの判断が、皆目つきませんでした。ここで、化石の順番が教えてくれる相対的な時間軸に、絶対的な時間軸を導入する必要が生じました。

つまり「地層の成因」と「地球の年齢」という二つのテーマが、地質学で並立するようになったのです。以下では、研究者たちがどう格闘してきたのかを、具体的に見ていきましょう。

ドイツの地質学者アブラハム・ヴェルナー（一七五〇～一八一七）は、地球上のほとんどすべての岩石は、水中での堆積作用によってできたと考えました。これは「水成説」と呼ばれる岩石の成因論であり、当時の学界を風靡《ふうび》しました。彼はフライベルク鉱山学校の教授として近代的な地質学を研究し、数多くの地質学者を輩出したことでも有名です。

これに対して、イギリスの地質学者ジェームズ・ハットン（一七二六～一七九七）は、地層のくわしい観察から、岩石は地球内部の熱の作用でつくられると考えました。また、地中の高熱は堆積した地層に変化を与えることを発見し、「火成説」と呼ばれる岩石の成因論を展開しました。この論争は、最終的にはハットン説に軍配が上がり、一九世紀を迎えることになります。

ハットンの「斉一説」

もう一つ、ハットンが地質学に残した業績があります。彼は、過去に起きた地質現象は現在起きつつある自然現象の注意深い観察によって知ることが可能である、というアイデアを公表したのです。言い換えれば、自然はゆっくり絶え間なく変化してきたので、現在観察される現象から過去を読み解くことができる、という斬新な考えです。

こうした考え方は「斉一《せいいつ》説」と呼ばれます。地球の歴史では斉《ひと》しく一様な現象が発生してきたと捉《とら》え、過去に起きた地質現象は、いま進行中の現象と同じ自然法則のもとで形成されたとする見方です。

たとえば、大昔から流れつづける川は、少しずつ地面を削りながら現在の地形をつくりましたが、その営為はいまも昔もまったく同じです。このように大地で見られる事実は急激に発生したものではなく、長い時間をかけて続いた現象の累積である、とハットンは推論しました。

地上に残されている非常に珍しい現象も、現在と同じ地質作用が長い時間をかければ形成可能なものがあります。ハットンは、急激な地殻変動も、現在も行われている緩慢な作用を長期間かければ形成されると考えました。

しかし、地質作用がこのようにほぼ一定の様式で、同じような強さで起きるのならば、地球の歴史は当時信じられていた数千年程度ではなく、はるかに長い可能性が出てきました。

ハットンが提唱した斉一説は「現在は過去を解く鍵」という言葉でも簡便に表現されます。過去の地質時代に起きた事象を、現在みられる現象によって説明できるということは、次の展開も可能です。

図3－2　チャールズ・ライエルの肖像

すなわち、斉一説が過去・現在・未来に成り立つと考えると、「過去は未来を解く鍵」にもなります。これは現代の地震や火山噴火の防災に用いられる重要な概念となっています（第8章と第9章を参照してください）。

ここで、一八世紀末から始まる地質学の流れを見てみましょう。

ハットンは一七八八年刊行の著作『地球の理論』で斉一説を提唱しました。これによって彼はのちに「近代地質学の父」と呼ばれるようになりました。一九世紀になると、イギリスの地質学者チャールズ・ライエル（一七九七〜一八七五＝図３－２）が、この斉一説を一般社会へ広めました。一八三〇年に『地質学原理』を出版し、膨大な量の地質学的な事実によって斉一説を基礎づけ、その普及に貢献したのです。

ハットンとライエルは、一見バラバラに見える現象を丹念に観察することによって、自然界に一般的に成立する法則を追究しようとしました。そこには、過去も現在も同じ自然の法則に従って起きたと考える自然観がありました。彼らが提唱した斉一説によって、従来の思弁的地質学は科学的地質学へと変わっていったのです。

とくに、ライエルの『地質学原理』は地質学にとどまらず、自然科学がめざすべき方向を示していました。過去も現在も未来も同じ物理法則に従って現象が起きる、という近代的な自然観が確立するきっかけをつくったのです。

キュビエの「激変説」

地球の歴史では、「天変地異」といってもよいような現象も、たびたび起きています。たとえば過去には、突発的な激しい大異変が幾度か繰り返され、そのたびごとに前の時代の生物群がほとんど死滅しました。その後、生き残った一部の生物が、世界に広く分布するようになったことは事実です。

天変地異のあとに新しい種類の生物が発生したという考え方は「激変説」と呼ばれます。これは中世以来のヨーロッパの知識人を支配していた考えでもあります。たとえば、聖書に書かれた「ノアの洪水」がその例です。大洪水という天変地異によって地球上の生物はほとんど絶滅し、残ったものが地球上に広がっていったとする説明です。

フランスの古生物学者ジョルジュ・キュビエ（一七六九〜一八三二）は、パリ盆地に出てくる化石を丹念に調べ、地層ごとに出てくる化石は異なるという事実を得ました。彼は一八一二年に刊行した著書『化石骨の研究』で、激変説によって古生物種の変化を説明しました。すなわち、局部的な天変地異が太古に何度か繰り返され、生き残った生物が次代に繁栄したと主張したのです。

キュビエは当代を代表する生物学者であり、動物を解剖して「比較解剖学」の手法を確立した人です。彼は中生代と新生代の脊椎《せきつい》動物の化石を比較して、それらが共通種をほとんど含んでいないことを発見し、そこから、動物は地殻変動によって急激な絶滅を繰り返すと考えました。すなわち、世界の激変によって生物界の種類分布が再三、更新されたと考えることによって、化石生物の種類の交代を説明しようとしたのです。こうした激変説は天変地異説（カタストロフィズム）とも呼ばれています。

激変説が生まれた背景には、当時の社会状況も大きく関わっています。一八世紀後半から一九世紀のヨーロッパでは産業革命が起きました。とくに一八世紀のイギリスでは、石炭運搬用の運河が各地に掘られ、地層を観察する機会が増えました。ここで地質学者が一躍、時代の最先端に登場することになります。

ちなみに地質学者の地位が最高峰をきわめたのは、第二次世界大戦の開戦前夜でした。戦争に勝つためには、エネルギー資源と鉱物資源を確保することは喫緊の課題です。

石油や石炭などの化石燃料、また、鉄やアルミニウムをはじめ銅・鉛・亜鉛や金銀などの鉱物資源がどこにあるかは、世界を制覇するために必要な情報でした。日独の枢軸国も、英米仏などの連合国も、資源がどこにどのような形で存在するかを一番知っている地質学者を確保することに躍起になりました。

たとえば、私が大学を卒業して就職した地質調査所（現・産業技術総合研究所）は、商工省の管轄で国家戦略の要を握っていました。この商工省は第二次大戦中に軍需省と農商省に分離し、戦後に通商産業省（現在の経済産業省）となりました。

私は地質調査所に在職中にたくさん話を聞いたのですが、先輩たちは戦時中、鉱物資源を確保する特殊任務を担い、東南アジアへ向かいました。そして戦争末期に連合軍が最初に狙ったのは、日本の優秀な地質学者が多く乗った艦船だったそうです。

戦争が終わったあとも、地学の知識と技術を持った人材には強い需要がありました。戦後の復興のため石炭が極端に不足したからです。そして現在では、石油や天然ガスやウランなどのエネルギー資源のほかに、レアメタル・レアアースなどの鉱物資源を探査する高度な技術も求められています。

さらに、オイルサンドやメタンハイドレートなどの新しい資源の需要も高まり、これらの入手者がグローバル経済を牽引する影の支配者となってきました。実は、世界経済を判断するには資源の動向を知らなければならない、と言っても過言ではないのです（拙著『資源がわかればエネルギー問題が見える』〈PHP新書〉を参照）。

さて、産業革命の時代に話を戻しましょう。この頃のヨーロッパ各地では化石が多数見つかり、古生物に関する知識が蓄積されていきました。その結果、地層ごとに産出する化石が異なることが明らかになり、その理由が議論されました。

そこで登場したのが、前述した「激変説」でした。旧約聖書の「創世記」には、ノアの方舟《はこぶね》に乗ったノア一族と雌雄一対ずつの生物以外は滅んでしまうという物語が書かれています。キュビエは、「ノアの洪水」のような天変地異によって多くの生物は死に絶え、あるものが土砂に埋もれて化石になっていったと考えました。

天変地異によって、ある時代の生物種を入れ替える（絶滅させる）ことができれば、新たに生物を誕生させることができます。つまり、その事件を契機に、違う生物種を再構成すれば、化石種の変化が説明できます。しかも、こうした天変地異が何度も起こったと、キュビエは考えたのです。

キュビエの唱えた激変説は、彼の弟子であるルイ・アガシー（一八〇七～一八七三）やアルシッド・ドルビーニ（一八〇二～一八五七）たちによって大きく展開します。彼らは天変地異のたびにすべての生物が絶滅し、新しく生物が創造されたと考えました。

つまり、生物の多様性は新たな「神による創造」が繰り返されたことによる「反復創造説」であると考えたのです。当時の市民は聖書を深く信じており、科学者の大多数も聖書を信じていたため、当時のヨーロッパの思想界では激変説が主流となりました。

斉一説と激変説の論争

こうした激変説から見ると、先に述べた斉一説は、キリスト教にとって異端思想ということになります。そもそも斉一説は、変化は徐々に起きるとする仮説であり、激変説に対立する立場から打ち出されました。聖書に基づく自然観が支配していた一八世紀の当時にあって、近代的な地質学を生み出し、中世の宗教的な自然観を打破し、近代の物質的な自然観の確立に重要な役割を果たしたのが斉一説だったのです。

たとえばライエルは、地球上の大地形の形成に必要と考えられる年月は、聖書の記述から類推される天地開闢《かいびゃく》以来の時間と比べてあまりにも長いとして、天地創造の立場をとる学者と激しく論争しました。

やがて激変説と斉一説の論争は、地質学を超えて生物進化の問題にまで発展していきます。化石の成因をめぐる議論は、地球の創世のみならず過去の歴史認識に関わるもので、そこから「進化論」という思想も生み出されたのです。

地質現象をきわめて長い時間の尺度で説明する考え方に大きな影響を受けたのが、ライエルの友人である生物学者のチャールズ・ダーウィン（一八〇九〜一八八二）でした。若きダーウィンはビーグル号での航海にライエルの著書『地質学原理』を携え、熟読しました。ライエルの斉一説はダーウィンが進化論を考えるに当たって大きなヒントとなり、近代科学の確立に重要な役割を果たしたのです。なお、ライエルの著作と事蹟は、拙著『世界がわかる理系の名著』（文春新書）にくわしく紹介しています。

ダーウィンは地球には十分に長い時間が経過していることに確信を持ちました。そして、その長い時間を利用して、生物が進化したと考えました。彼はこれを一八五九年に大部の著書『種の起原』として刊行しました。

この中でダーウィンは「自然淘汰」という概念を発表し、生物が漸進的に進化するという進化説（漸進的進化観）が生物学に定着しはじめました。その結果、生物学の分野でも激変説は進化論と鋭く対立することになります。両説の支持者は互いに譲らず、さらに多くの論争を引き起こしました。

激変説は当初、多くの支持を得ていましたが、やがて不都合な点がいくつも見つかってきました。化石しか見られない絶滅種が、非常に数多くあったのです。たとえば、中生代の恐竜のように、現在ではまったく存在しない種が、たくさん発見されました。

放射年代による地球の年齢決定

斉一説と激変説の論争で最大の争点となったのが、地球が誕生して以来、どれくらい時間が経過したのか、つまり「地球の年齢」でした。先ほど述べたように、聖書に書かれている地球誕生は六〇〇〇年ほど前であり、最大に見積もっても二六万年前程度でした。

これくらいの年数では、地層が侵食や褶曲を起こしたり、その地層に多様な化石が含まれたりするには、あまりにも時間が短いと科学者たちは考えました。

物理学者のウィリアム・トムソン（ケルビン卿、一八二四〜一九〇七）は、過去に灼熱状態にあった地球が現在の温度に冷めるまでには、どのくらいの時間を要するか、と考えて計算を試みました。その結果、二〇〇〇万年から四〇〇〇万年くらいが必要と結論しました。しかし、この値は地質学の常識からはあまりにも短い年代であり、科学者の同意は得られませんでした。

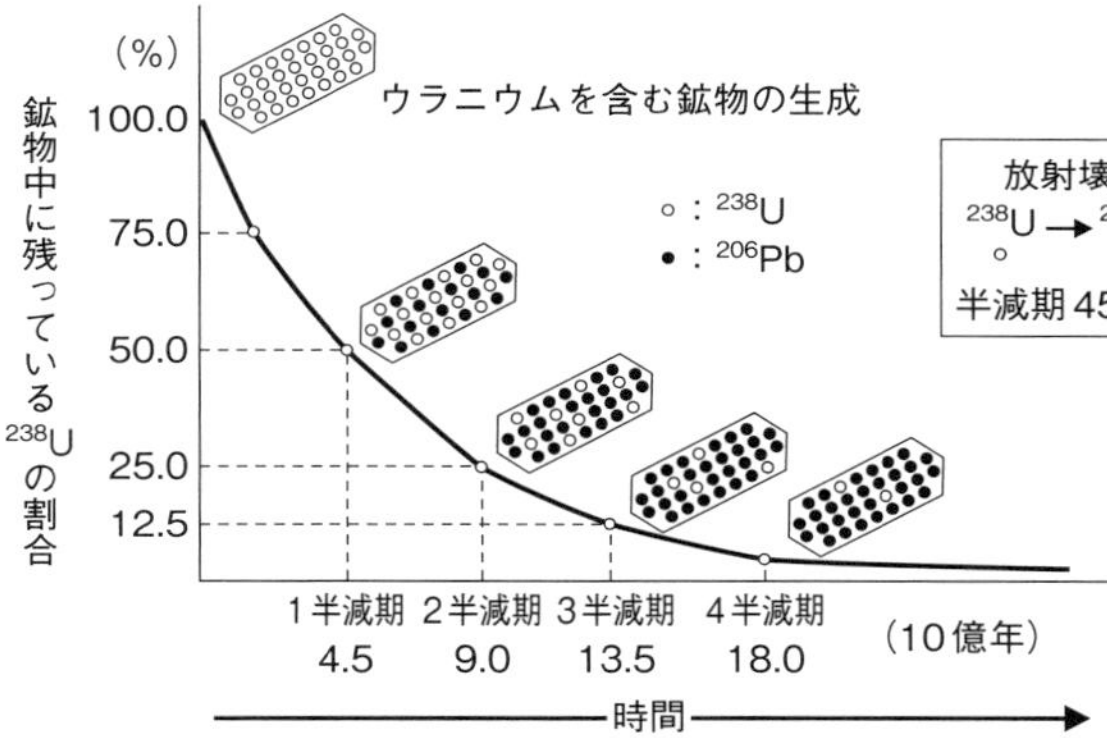

図3－3　ウラン-鉛法による放射年代測定と半減期
（放送大学教材の図を一部改変）

「地球の年齢」という重要なテーマが決着したのは、新たな年代測定の技術が発展する二〇世紀後半でした。地上に残された岩石が何年前にできたのかを数値で知るために、「放射性元素」を用いる方法が考案されたのです。

一八九六年、フランスの物理学者アンリ・ベクレル（一八五二～一九〇八）が、自然界に放射線があることを発見しました。その二年後には、同じくフランスのキュリー夫妻が実験室で放射性ラジウムを分離し、放射線を出す物質（放射性元素）が存在することを明らかにしました。

放射性元素とは、放射線を出しながら別の元素に変化する元素のことをいいます。こうした現象は「放射壊変」と呼ばれ、多くの元素にその性質が確認されています。

つまり、天然には一定の時間が経つと放射線を出しながら壊変する原子が数多くあり、これらを用いれば年代を直接測定することが可能であるというアイデアが生まれたのです。

これにより、地上に残された古い時代の岩石に含まれる放射性同位体の量を精密に測定することで、岩石ができた年代が得られるようになりました（図３－３）。具体的には、ウラン２３８と呼ばれる放射性元素（２３８Uと書きます）は、長い時間をかけて放射壊変を起こして鉛２０６と呼ばれる放射性元素（２０６Pb）に変化します。

その壊変は時間ごとに一定の割合で起きることが知られているので、これを逆に利用すると、岩石の生まれた時間を計算できます。すなわち、ウランと鉛の割合から放射壊変のために経過した時間を逆算できるというわけです。

もともとあった放射性元素の原子数が、放射壊変によって半分になるまでに必要な時間を「半減期」と呼びます。さきほどのウラン２３８の半減期は四五億年ほどです。すなわち、適当な半減期の放射性元素を選ぶことによって、知りたい年代の幅の測定が可能となるのです。

現在、発見されている元素は一一八種ですが、自然界に存在が知られた元素は八九種あります。その中から求めたい年代の岩石に合う半減期を持つ放射性同位体を選びます。

実際には半減期の長い元素、たとえばカリウム40（約一三億年）、ウラン２３５（約七億年）、炭素14（約五七〇〇年）などが利用されます（図３－４）。岩石の中からこうした放射性元素を含む鉱物を選り分けて、放射性元素の数を精密に測定して年代を求めるのです。

ニュースによく登場する考古学などで用いられる放射性元素は、炭素14（^{14}C）です。炭素14の半減期は五七〇〇年くらいなので、考古学の時間軸にちょうど合っているというわけです。これに対して、何億年という古い年代を測りたい場合には、ウラン238やカリウム40などが用いられます。

これが放射年代測定法と呼ばれるもので、具体的には最初と最後の元素名を併記し、ウラン－鉛法、ルビジウム－ストロンチウム法、カリウム－アルゴン法などと呼ばれます（図3－3参照）。

この方法によって現在では、地球の年齢は約四六億年

壊変前　壊変後	半減期
$^{238}U \rightarrow {}^{206}Pb$	44億6800万年
$^{235}U \rightarrow {}^{207}Pb$	7億　380万年
$^{232}Th \rightarrow {}^{208}Pb$	141億年
$^{40}K \rightarrow {}^{40}Ar$	12億8000万年
$^{87}Rb \rightarrow {}^{87}Sr$	480億年
$^{147}Sm \rightarrow {}^{143}Os$	1060億年
$^{14}C \rightarrow {}^{14}N$	5730年

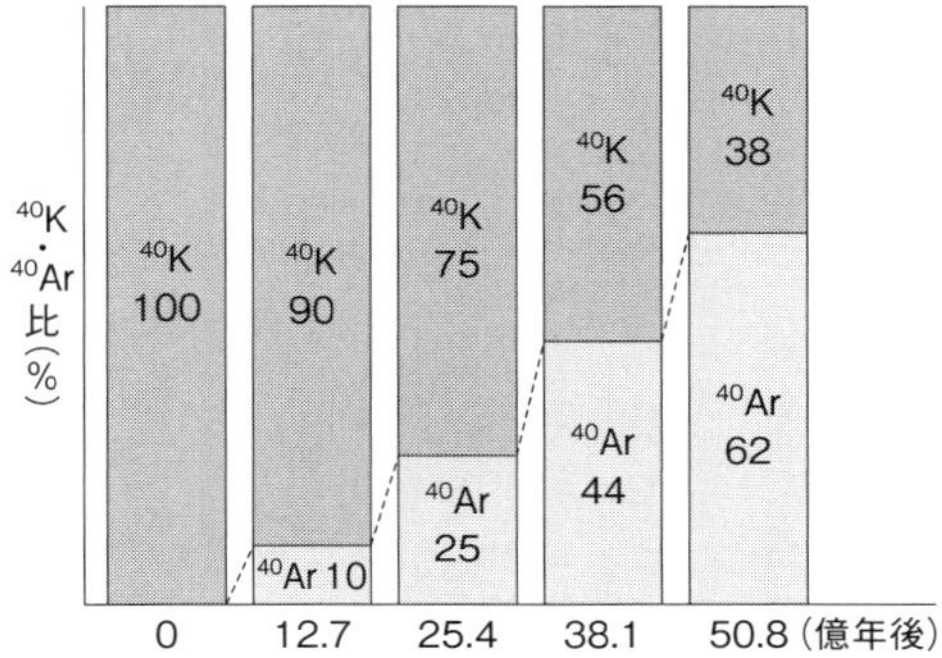

図3－4　年代測定に利用される放射性同位体
（実教出版『生物Ⅱ』による図を一部改変）

大区分	代	紀	世	年代	特徴的なできごと
顕生代	新生代	第四紀	完新世	1.17万年	最終間氷期
			更新世	258.8万年	最終氷期 ペキン原人
		新第三紀	鮮新世	533.3万年	マンモス
			中新世	2303万年	コロンビア川洪水玄武岩
		古第三紀	漸新世	3390万年	南極海拡大
			始新世	5600万年	太平洋プレート拡大方向変化
			暁新世	6500万年	哺乳類の多様化
	中生代	白亜紀		1.45億年	温暖化、高海水準
		ジュラ紀		2.01億年	恐竜、始祖鳥
		トリアス紀 （三畳紀）		2.52億年	超大陸の分裂 哺乳類の出現
	古生代	ペルム紀		2.99億年	超大陸パンゲア形成 巨大昆虫類の出現
		石炭紀		3.59億年	爬虫類の出現
		デボン紀		4.19億年	裸子植物の出現 両生類の出現
		シルル紀		4.43億年	昆虫、陸上植物
		オルドビス紀		4.85億年	魚類の出現
		カンブリア紀		5.41億年	カンブリア大爆発
原生代	新原生代			10億年	エディアカラ生物群
	中原生代			16億年	
	古原生代			25億年	最古の超大陸ヌーナ形成
太古代	新太古代			28億年	地磁気の誕生
	中太古代			32億年	
	古太古代			36億年	最古の生物化石
	原太古代			40億年	
冥王代					最古の鉱物

図3－5　地球史の区分と年代（井田喜明氏による図を一部改変）

と求められています。この年齢は、太陽系内を飛び回ったあと地球に落下した隕石に含まれる鉛の放射性元素を測定することで導き出されました。

さらには、最古の隕石と、月にある最古岩石の年代がいずれも約四五・五億年であったことから、地球は他の太陽系の惑星とともに、約四六億年前に同時に誕生したと考えられています。

また、地上にある岩石の最古の年齢としては、オーストラリアやカナダなどの安定大陸を構成する岩体から四二億八〇〇〇万年前という年代が得られています。

顕生代《けんせいだい》に入ってからも、岩石の年代測定から各時期の具体的な年代が与えられています。顕生代とは「生物が顕著に見られる時代」という意味で、古生代からあとの時代を指します。ちなみに、顕生代の前は、生物があまり顕著でない「先カンブリア時代」です。

そして、顕生代冒頭の古生代の開始は五億四〇〇〇万年前、中生代の開始は二億五〇〇〇万年前、新生代の開始は六五〇〇万年前であることが明らかになりました（図3-5）。こうした年代は、新しい年代試料の追加によって少しずつ改訂されています。

現在の仮説：巻き返してきた激変説

さて、一九世紀以後は生物進化の見方がさらに変化してきました。現在起きている自然現象が過去にも起こっていたとして過去の現象を解釈しようとする斉一説と、突発的な天変地異が起きることで自然が変化するという激変説、さらに、その中間の考え方として、地球や生物の進化が長い時間をかけてゆっくりと進むという「漸進説」の間で論争が始まったのです。こうした三つどもえの議論は、その後も果てしなく続くように思われました。

この中では確かに、斉一説が地質学を近代化し、有力になっていったのですが、その斉一説に対し、一九八〇年以降に大きな反論が持ち上がりました。

のちの第7章で述べるように、地球を闊歩《かっぽ》していた恐竜が、いまから六五〇〇万年前に突然姿を消しました。「恐竜絶滅」といわれる大事件ですが、その原因は直径一〇キロメートルの巨大隕石の衝突によって引き起こされたという激変説が提唱されたのです。その後、恐竜絶滅に関する論争は三〇年ほど続きましたが、二〇一〇年頃に巨大隕石の衝突説がほとんど間違いないことが証明されました。

地球上に存在する生物の半分以上が大量絶滅する事件は過去に五回起きており、その最大の例では九五パーセントの生物が死に絶えました（第7章の図7－1参照）。ちなみに、通常の場合には生物の絶滅は一年間に一〇〇万種当たり約一種の割合で発生していました。この割合をはるかに超える大量絶滅が、かつて五回起きたのです。

こうした大量絶滅のほかにも、地球史で確認されるさまざまな劇的な現象が、天変地異の発生によって説明できることが判明してきました。具体的には、地球外の天体衝突、超大陸の形成と分裂、大規模噴火による環境激変、宇宙線の影響などが挙げられており、斉一説を基盤としてきた地球科学を揺るがす第一級のテーマになってきたのです。

生物進化に関しては現在でも、主流の仮説は斉一説もしくは中間的な漸進説です。しかし、その一方でこのように激変説も、再び有力な仮説として浮上してきたのです。

いずれにしても、地質学者と生物学者は丹念に地層と化石を観察することによって、地球の営みを読み解こうとしてきました。「現在は過去を解く鍵」「過去は未来を解く鍵」という二つの発想は、地球に関する基礎研究だけでなく、地震や火山噴火の防災に関しても、重要な考え方を提供していることは間違いありません。

そこへさらに、激変説を内包した地球を知ることは、「想定外」の事態に対しても柔軟に対応するための、思考実験の効果があるのではないかと私は考えています。何と言っても地球上の生命は、想定外のことが当たり前のように起きる環境の激変を生き延びてきたのですから。

コラム③

日本の地学研究や地学教育は世界で盛んなほうですか？

地学は世界中で盛んに研究が行われている学問であり、自然科学の重要な一分野です。もちろん日本でも地学研究は盛んで、世界をリードする研究者がたくさんいます。日本列島では地震や噴火が頻発することから、地震学や火山学は世界でもトップクラスの研究成果をあげています。ところが、「教育」という観点でいえば、たいへん残念ながら日本の地学教育は世界の中で遅れているのです。

その理由は、大学入試の制度にあります。理科系の多くの学部では、理科の受験科目としては化学・物理・生物の中から二科目を選ぶことになっています。ほとんどの大学で、地学は受験科目に入っていないのです。したがって、高校の理科で地学を選択する生徒は、ごくわずかしかいません。

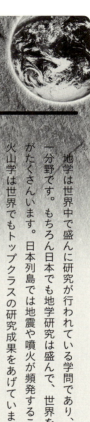

そのため地学を開講しない高校が次第に増え、地学を履修する生徒はここ二〇年で激減しました。つまり、大学受験のしわ寄せを受けた結果、日本人の大多数の地学リテラシーは、中学生レベルで止まったままなのです。

実は、こうした特殊事情はわが国だけで、諸外国では地学はEarth Scienceという教科として化学・物理・生物と同じように教えられています。その現

伊豆大島の三原山を背景に、温泉に入浴中の筆者。地学者にとって、自然を五官で受けとめる時間は何より大切だ

況を何とか改善したいというのも、私が本書を著した理由の一つなのです。

ここで、地学教育についてより理解するためのポイントについて述べておきましょう。地学には第1章でも述べた「現場主義」という大事な方針があり、必ず実際の地球上で起きている事実に基づいた研究をしています。よって教育でも、野外の岩石や化石など、現場のエピソードが教材に使われます。

たとえば、地学の研究者は事実を確かめるためなら、地の果てもいとわず果敢に出かけてゆきます。私は三〇歳代のはじめにアメリカ内務省地質調査所(U.S. Geological Survey)に二年間留学していましたが、そのときはアラスカの無人島オーガスティン火山まで飛んで、三週間ほどテントを張ってフィールドワークをしてきました。海岸でムール貝を獲って食べ、

日本の地学研究や地学教育は世界で盛んなほうですか？

夜は満天の星を見ながら眠ったのは、本当に素敵な想い出です。

こうした現場主義に加えて、地学の教育で必ず用いる手法に、これも第一章で述べた「本物主義」があります。本物を自分の目で見てはじめて現象の本質が理解できるという考え方です。そのため、私たちは「地質巡検」と呼ぶ野外実習を講義の合間に入れています。本物の自然に直接触れることで、人が本来持っている想像力が喚起され、イメージの扉が開かれるからです。

うれしいことに、最近では「ジオパーク」運動が盛んになってきました。ジオパークとは地球や大地を意味する「ジオ」と、公園を意味する「パーク」を組み合わせた言葉で、いわば「大地の公園」です。ここでは地球を丸ごと学習し、さまざまな面から楽しみながら、動物や植物、さらに人間までが、大地の上で調和することをめざしています。

ジオパーク運動は多くのボランティアに加え、地学の第一線の研究者も協力していて、世界ジオパーク運動と連携する国際的な活動ともなっています。こうした動きが広がっていけば、日本の地学教育も発展していくことでしょう。

第4章

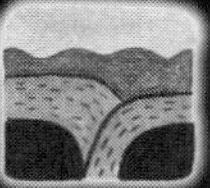

そして革命は起こった
――動いていた大陸

静岡県焼津市の大崩海岸に露出する枕状溶岩。プレート運動によってできたマグマが海底に噴出した証拠は世界共通だ（鎌田浩毅撮影）

「動かざること山のごとし」という言葉があります。戦国武将の武田信玄が掲げた軍旗に書かれた有名な句で、中国古典『孫子』の「不動如山」からとったものです。アジア大陸にそびえる数々の山脈には、いずれも不動で泰然としたイメージがあります。ところが、実際には山は、非常に長い時間をかけて、地盤が「動く」ことによってできたものなのです。

地球科学には、山地を形成する「造山運動」という言葉があります。山も海も川も、すべて地球の大きな変動によって誕生したのです。したがって私は、「動かざること山のごとし」ではなく、「動くこと山のごとし」だと思っています。しかも、「非常にゆっくりと動くこと山のごとし」なのです。ちなみに私は京大の教室では学生たちに、「信玄公は『地球科学入門』の講義をとっていなかったから無理もないけど」と言っています。

二〇世紀のはじめころ、こうした大地の動きに着目した人物がいました。ドイツの地球物理学者アルフレート・ウェゲナー（一八八〇〜一九三〇）です（図4-1）。もともとは極地探検の好きな気象学者で、ハンブルク大学やグラーツ大学の教授を歴任し、その間に三回もグリーンランドの探検隊に加わって極地の気象を研究していました。

そのウェゲナーが、大気の運動から地面の動きへと目を転じ、大陸でさえも静止しているわけではなく、たえず動いている、と主張したのです。「大陸移動説」と呼ばれる、きわめて大胆なアイデアでした。

しかも、現在、地球上にある五つの大陸は、かつては一個の巨大な大陸だったというのです。すなわち、五大陸とは一つの「超大陸」が分裂し、移動してできたのだと考えたわけです。

このエピソードは二〇世紀の地球科学で最大のトピックスで、私も大学生や高校生たちにいつも情熱をもって話す教材です。大地のかたまりである大陸が「動く」話は、小学生の興味も十分に惹く話題なのです。

かつて日本では一六年ものあいだ、ウェゲナーの大陸移動説が小学校五年の国語教科書に掲載されていました。「大陸は動く」というタイトルで、地震学者の大竹政和・東北大学名誉教授による書き下ろし作品でした。

図4－1　ウェゲナーの肖像

私が京大で担当している初学者向けの教養科目「地球科学入門」では、大陸移動説の説明のところになると、小学校で習ったという学生がたくさんいました。聞いてみると彼らも当時、とても興味を持ったようでした。講義でいつも行っているQ＆Aで、教育学部の学生はこう書いていています。

「ウェゲナーの大陸移動説は以前聞いたことがあるなあと思っていたら、実は小学校五年くらいの国語の教科書に出ていたのを思いだしました。小学校の教科書で読んだ話が、今また出てきたのには驚きました！」

そこで本章ではまず、大陸移動説とそれを提唱した地球科学の革命者ウェゲナーについて語っていきましょう。

世界地図からのひらめき

最初に世界地図を眺めてみましょう。どこの国でも、世界地図は刊行した国家を中央に置いてつくられています。よって、日本で出回る世界地図の中心には、広い太平洋があります。それに対して、アメリカやヨーロッパで売られている世界地図では、真ん中に大西洋があるのです。海外旅行に出かけた際には、ぜひ本屋さんで確かめてみてください。

さて、ウェゲナーは、大西洋が中心に描かれた地図を見て夢中になりました。大西洋をはさんで両岸の陸地の地形が、よく「合う」のです。具体的には、大西洋が張り出してアフリカ大陸がへこむ大地形と、南アメリカ大陸が大西洋に突き出ている大地形は、相補的になっています。そして、ヨーロッパと北アメリカ大陸にも同様の関係があり、ジグソーパズルのように両者がピッタリとはまるのです。

ウェゲナーは大西洋の両岸の大陸の形状を見ていて、もともと両大陸はくっついていたのでは

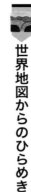

ないか、と直感的にひらめきました。ここから、大陸が移動したのかもしれない、と空想が拡がっていったのです。

もし大西洋をなくしたら、南北アメリカ、アフリカ、ヨーロッパを構成するそれぞれの大陸のすべてが、一つにまとまるかもしれない――ウェゲナーがこのことを思いついたのは、一九一〇年のことでした。

彼はこのアイデアを確かめるため、現存する四つの大陸に記録された地層についてくわしく調べてみました。具体的には、地面の下にある地盤がどのような岩石で構成され、また、どのような時代にできあがったのかについて、おびただしい量の文献を読破していきました。

その結果、南アメリカ大陸を構成する古い地層と同一のものが、アフリカ大陸にもあることがわかりました。さらに、海を渡ることの不可能な植物や動物の化石が、大西洋をはさんで両岸で多数見つかったのです（図4‐2）。

こうしたたくさんの事実を確認して、ウェゲナーは、現在離れている大陸は、過去には連結していたと考えました。言い換えれば、大陸が長い時間をかけて水平方向に移動した結果、現在の五大陸ができあがったと推論しました。

これが大陸移動説の誕生です。一九一二年に三二歳のウェゲナーはこのアイデアを発表し、三年後の一九一五年に『大陸と海洋の起源』という大部の著書として刊行しました。

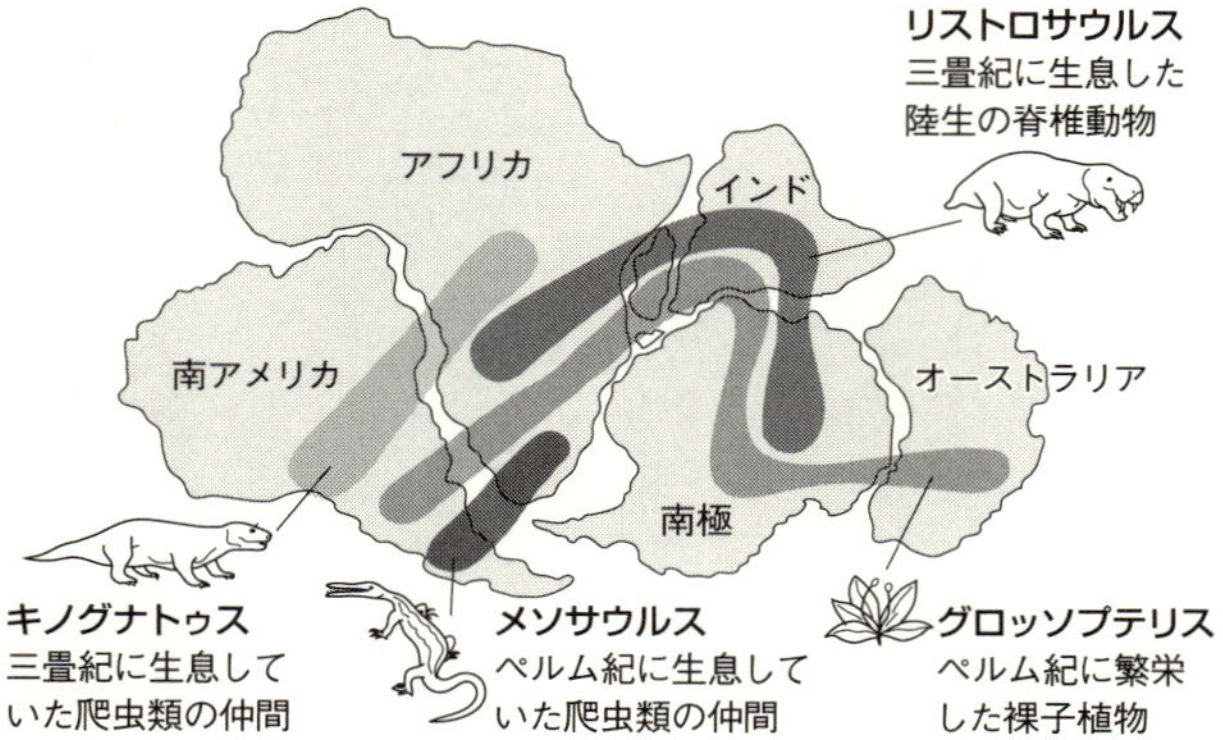

図4－2　中生代の超大陸パンゲアでの化石分布
ウェゲナーが大陸移動説の根拠とした

なぜウェゲナーだけが気づいたのか？

しかし、ここで不思議なことがあります。ヨーロッパの人はみな、同じ世界地図を見ています。なのに、なぜウェゲナーだけが、大陸が動くことに気づいたのでしょうか？

数年前に、NHKテレビ「爆笑問題のニッポンの教養」という番組の収録のときにこれが話題になりました。「京大スペシャル」という九〇分の特別番組として放送されたもので、京都大学の法経4番教室に教授たちと学生数百人が集まって議論したのです。

番組のテーマは「独創力」でした。なぜリンゴが落ちるのを見たニュートンは万有引力の考えを思いついたのか？　なぜウェゲナーだけが大陸移動説を提唱できたのか？　司会をつとめた爆笑問題の太田光さんが、六人の京大教授陣に侃々諤々《かんかんがくがく》の議論を挑んできました。

そのときに私が壇上で出した答えは、彼らは理解できないこと、不思議なことに出会ったら、延々と考えつづけたから、というものでした。自分の知識と経験を総動員して、しつこく考えつづけることから、思わぬブレークスルーが生まれるからです。

すなわち、『論語』にも説かれているように、繰り返し思考し「下学上達《かがくじょうたつ》」することからウェゲナーやニュートンのような独創性が生まれるのです。同じ世界地図を眺めていたウェゲナーと他の人たちとの間には、目には見えない大きな違いがあったのです。

しかし、大陸が動くというウェゲナーの説は、あまりにも大胆だったので、当時の科学者はまったく受け入れることができませんでした。昔も今も、学界の常識をくつがえすような新しいアイデアは拒否されてしまうものです。

その後もウェゲナーは自説を証拠だてるさまざまなデータを集めて、発表を重ねていきました。大きな論争が始まり、やがて他の科学者たちも、過去に大陸がつながっていたらしい、という地質学上の証拠は認めました。ところが、大陸という巨大なものがなぜ動いたのかについては、納得しませんでした。当時の地球科学の知識では、大陸が移動するメカニズムがまったくわからなかったからです。

大陸が移動する原動力を説明できなかったために、大陸移動説についての理解は進みませんでした。さらに地球物理学の権威たちは、地球の内部は硬すぎるので大陸を移動させるのは無理だ、と主張しました。

ウェゲナーはそうした無理解にもひるまず、四年後には『大陸と海洋の起源』の第二版を出し、引き続いて英語版も刊行しました。さらに母国語のドイツ語版では、何と第四版まで続々と出版したのです。その間には、フランス語、ロシア語、スウェーデン語、スペイン語にも翻訳されています。

しかし残念なことに、ウェゲナー自身もついに、大陸移動の原因を明確に説明するよいアイデアを見つけることはできませんでした。大陸移動説がきわめて革新的で魅力的であることには変わりなかったのですが、実証主義を旨《むね》とする科学者たちは、アイデアだけでは受け入れることができないものです。

そのためウェゲナーは、いつしか同僚の学者たちから「変人」とみなされるようになりました。そして一九三〇年、大陸移動の原因を探すためグリーンランド探検に出向いたとき、そこで行方不明となってしまいました。その結果、大陸移動の考えは、地球科学者たちの関心から次第にはずれていったのです。

中央海嶺の発見

大陸移動説の発表から三〇年以上たった第二次世界大戦の最中に、思わぬ展開がありました。アメリカ合衆国の海軍が、大西洋の地形図を作成しはじめたのです。というのも、ナチスドイツの最新鋭の潜水艦Uボートが、連合国の商船と艦船を攻撃し、次々と沈没させていたからです。Uボートの活動を阻止するためには、海底にある凹凸の地形をくわしく知ることが急務となりました。

調査船から音波を連続的に発射する装置（ソナー）を用いて、海底の地形図が初めて描かれました。これによって最初にわかったのは、大西洋の中央には巨大な山脈が延々と連なっていることでした（図4－3）。

これを見た地震学者たちが、まず山脈の地形に注目しました。「海嶺《かいれい》」と呼ばれている深海底で、特異な地震が大量に発生していることがわかっていたからです。しかし、海嶺に沿って何千キロメートルもの長い距離にわたって運動がたえまなく発生する理由はまったく不明でした。

その後、一九六〇年代に入ると新しい機器によって、海底からさらに別の観測データが得られるようになりました。その結果、「中央海嶺」で大量のマグマが噴き出していることがわかったのです。

大西洋の中央部には、南北に何万キロも続く火山からなる海底山脈が存在していました。大西洋中央海嶺です。そこでは海底から溶岩が流れ出し、熱水がさかんに噴出していたのです。さら

図4－3　大西洋の海底地形

深海底の中央には火山岩からなる巨大な山脈が連なっている
（矢印が指しているところ）

に、噴出した溶岩が固まって海底に広大な平坦面をつくっていることも判明しました。

科学者たちは、溶岩の時代をくわしく調べていきました。すると、中央海嶺から遠ざかるにしたがって、海底に噴き出た溶岩の年代が古くなることがわかったのです。

最も古い溶岩は、南北アメリカ大陸とアフリカ大陸の近くの海底にありました。いずれも二億年以上という大昔に、ほぼ同時期にできた溶岩です。すなわち、大西洋の海底は中央海嶺から東西方向へ向かって次第に古くなり、最後に両側の大陸に到達することがわかったのです。

大陸移動説の復活

これを知った世界中の地球科学者はみな驚きました。中央海嶺から東と西の方向へ、海底が離れていく。この現象は、大西洋の成因を示唆していました。地球科学者たちは、ウェゲナーの唱えた「大陸が移動する」という考えは本当かもしれないと思いはじめました。

ウェゲナーの懸命の努力をもってしても不明だった、大陸を動かす原動力を解決するヒントが、ここに隠されていたのです。大陸移動説の劇的な復活です。

かつて南北アメリカ大陸とアフリカ大陸は一つの巨大な大陸でした。あるときから中心部が割れて東西に離れはじめ、間に水が入りこんで海となりました。それと同時期に、海底ではマグマが噴出し、溶岩が海底の表面を覆っていきました。これらのことは、もはや明らかでした。

大陸が離れはじめた時期は、地質学の証拠から二億三〇〇〇万年ほど前であることもわかってきました。このような活動が続いた結果、現在の大西洋と、それを挟む大陸の配置ができあがったのです。

その後の二〇年ほどの間に、文句のつけようのないほど大量の事実が確認され、大陸移動説を裏づける証拠となりました。

一九五〇年代の末には、インド洋にも大西洋と同じような海底山脈、すなわち中央海嶺があることが確かめられました。しかも不思議なことに、インド洋の南西にある中央海嶺は、アフリカの南端を通って大西洋の中央海嶺に繋がっていたのです。

さらにインド洋の中央海嶺は、オーストラリアと南極の間にある海嶺にも繋がり、その先で南太平洋にある海嶺にまで連続していました。このことはインド洋の海嶺が大西洋と太平洋という遠方の中央海嶺へ連なっていたことを意味します。こうした圧倒的な量と質の事実の蓄積によって、大陸移動説はさらに進展していったのです。

「海洋底拡大説」の誕生

このような大量の観測結果をうまく説明するアイデアを、ある地質学者が思いつきました。アメリカのハリー・ヘス教授（一九〇六～一九六九）です。彼が提出したのは「海底そのものが動

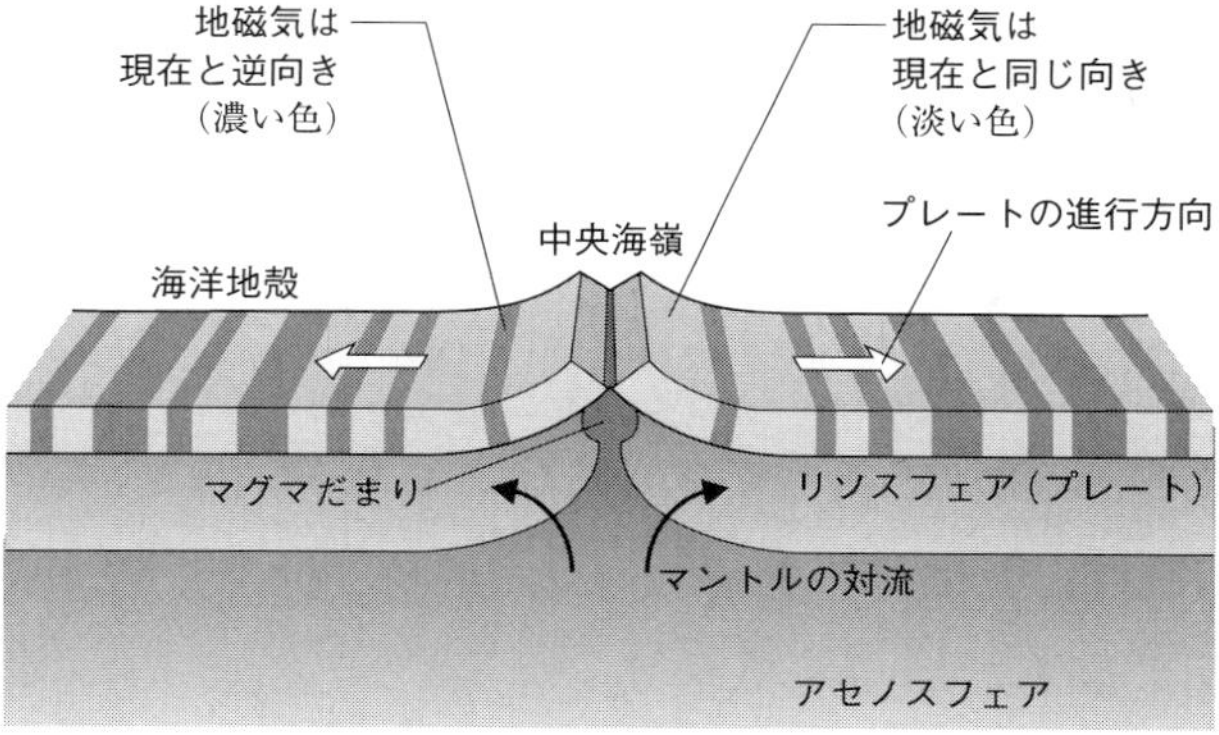

図4－4　中央海嶺で誕生するプレート
２枚のプレートが反対方向に動いてゆく。それにともない地磁気の逆転が記録される。原動力はさらに深部にあるマントルの対流である

いている」という説でした。たとえば、大西洋の海底は、反対方向に動く二台のベルトコンベアのように拡がっていると考えたのです（図４－４）。

反対方向に移動する海底の上に、北米大陸とヨーロッパ大陸が乗って、それぞれ西と東へ移動するというモデルです。それは、ウェゲナーが提唱した大陸移動説の原動力を初めて明らかにしたものでした。

このコンベアのベルトに相当するものは、のちに「プレート」（岩板）と名づけられました。プレート・テクトニクスの起源です。そしてヘス教授のアイデアは、海の底が拡大していくことから「海洋底拡大説」と名づけられました。大西洋の中央海嶺では、プレートが海底山脈の両側に向けて、毎年数センチメートルとい

うゆっくりとした速度で拡大していたのです。

さらに、この海洋底拡大説について、まったく新しい証拠が見つかりました。海底の地磁気を測定してみたところ、縞状《しまじょう》のパターンが見つかったのです。

どういうことか、くわしく説明してみましょう。

地球には磁場があり「地磁気」と呼ばれています。一九五〇年代に、その強さを電磁石によって測る磁力計が開発されました。この磁力計を飛行機や船に積み込み、地磁気を連続的に測ることによって、地下に石油が埋蔵されている場所を探すことができます。

このようにして広い海域の地磁気を調べてみると、驚くべき事実が発見されました。大西洋の地磁気に、規則的な縞模様が見つかったのです。一九六〇年代のことです。

とくに大西洋中央海嶺と平行に、地磁気が帯状の構造をつくっていることが判明しました。しかも、こうした地磁気の帯は、大西洋中央海嶺の両側で、きれいな左右対称をなしていたのです。具体的には、縞状の帯の太い部分と細い部分が、大西洋中央海嶺で折り返したように両側で同じ配置になっていました。

いわば大西洋中央海嶺を鏡とすると、両側の地磁気の模様は鏡に映したように裏返しの姿を示していたのです。これらは「地磁気の縞模様」と呼ばれました。

なぜこうした縞模様ができたのかも、次第にわかってきました。大西洋の真ん中で、中央海嶺が毎年、数センチメートルの割合で両側に拡がることによって、左右対称の縞模様が誕生していたのです。

海底ではたえず玄武岩《げんぶがん》のマグマが噴出しています。これが冷え固まって溶岩になるときに、地磁気が記録されます。つまり地磁気の縞模様とは、過去の地球が持っていた地磁気が、いわば化石のように溶岩に記録されたものだったのです。

つまり、中央海嶺に噴出した玄武岩の溶岩がプレートとなり、東西方向に分かれていきます。その結果、プレートの東側はヨーロッパとアフリカへ移動し、もう片方の西側は南北アメリカへと動いているのです。

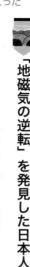

「地磁気の逆転」を発見した日本人

さらに、こうした対称性を持つ縞模様によって、新たな発見がありました。縞模様はそれぞれの時期の、磁場の正逆をも記録していました。ところが、地磁気がそれまでとは反対方向に向く時期があったことも記録していたのです。「地磁気の逆転」という現象です。すなわち、磁石の向きが一八〇度変わり、磁北極が磁南極に変わってしまう完全な反転が起きていたのです。

この発見には日本人の大きな業績があります。京都帝国大学理学部の松山基範《もとのり》教授（一八八四〜一九五八）が、地磁気の逆転現象を世界で初めて明らかにしたのです。彼は兵庫県にある玄武《げんぶ》洞《どう》の火山岩に、地球の磁場と逆向きの磁気を見つけました。

岩石や地層に地磁気が記録される現象は「古地磁気」と呼ばれます。文字通り「古」い「地磁気」です。この現象を利用して、地球全体の動きを解明する研究がはじまりました。

そもそも地磁気の原動力は、地球の深部にあります。最深部の「外核」で発生する巨大な電流が、地磁気を生みだしているのです（第6章の図6－3参照）。地球の外核は液体の金属でできており、その中では金属がゆっくりと対流しています。金属が流れると、「電磁誘導の法則」に従って磁気が生まれます。

外核内の金属の流れはたえず変化しているので、発生する地磁気もたえず変化しています。つまり、過去の地磁気は現在とは同じではなく、地磁気の方向や強さも、時間とともに変化しているのです。

この古地磁気は過去の地層や岩石に記録された地磁気の化石を測ることによって、知ることができます。一般に、地球上の岩石にはごくわずかだけ天然の磁石が入っています。実際には、岩石ができた当時の地磁気の方向と平行に、岩石中の微細な磁石の方向がそろうのです。すなわち、岩石に残っている磁石の方向を実験室でくわしく調べると、当時の地磁気がわかるのです。

こうして海底で冷え固まった溶岩の古地磁気を調べていくと、地磁気の逆転は頻繁に起きていたことが判明しました。具体的には、過去七六〇〇万年間に一七〇回ほども記録されていました。地球のN極とS極が入れ替わるという事件が、しばしば起きていたわけです。

最近の例では、いまから七八万年ほど前に、地磁気のN極とS極の反転が起きたことがわかりました。そして平均すると、地球は五〇万年に一回くらいの頻度で地磁気が反転していたことも明らかになってきました。

こうした現象を最初に提唱したのが松山教授でした。彼が一九二九年に発表した地球磁場の反転説は、当時の学者たちには受け入れられませんでした。しかし、彼が亡くなったあとの一九六〇年代に古地磁気学が大きく進展した結果、広く認められるようになりました。

その功績を讃《たた》えて地質時代の逆磁極期（二五八万～七八万年前）は「松山逆磁極期」と命名されています。なお、七八万年前に現在の地磁気の方向に決まってからは、地磁気はほとんど変化していないこともわかっています。

プレート・テクトニクス説の誕生

さて、大西洋中央海嶺では、海底が一個の巨大なテープレコーダーのように地磁気の歴史を正確に記録していました（図4－4参照）。つまり、大西洋中央海嶺から一対のテープが出現し、地磁気を記録してそれぞれ反対方向に移動していったのです。

誕生した海洋地殻は、地磁気が反転してきた歴史をすべて保存していました。そのため、岩石に記録された古地磁気には多様性が見られます。

のちに、こうした縞模様は他のすべての海洋でも発見されました。大西洋だけでなく、地球全体にわたるメカニズムであることが判明したのです。

ちなみに、地磁気の縞模様は「プレート・テクトニクスのロゼッタストーン」と呼ばれます。ロゼッタストーンとは紀元前一九六年に造られたエジプト王・プトレマイオス五世を顕彰する石碑で、エジプト文字を解読する重要な鍵となったものです。すなわち、地磁気の縞模様を解読することによって、地球表面で起きている現象のメカニズムだけでなく、地球の歴史を遡って知ることが可能になったのです。

その後、地磁気逆転の年代データから、海洋底が拡大する速度が計算されました。もし海底が水平方向に動いていると、海底に隣接する大陸もそれに従って離れていきます。いわば、大陸は海底というベルトコンベアに乗って移動していることになるのです。そして、これこそがウェゲナーの大陸移動説の原動力だったのです。

ベルトコンベアはプレートという巨大な岩板で構成され、その厚さは平均して一〇〇キロメートルくらいです。このプレートは大西洋中央海嶺から生み出され、カリフォルニアや日本列島の近くで沈んで消えていきます。

一九六八年には、プレートに「テクトニクス（tectonics）」という用語がつけ加えられ、地表で起きている現象をプレートを用いて説明する考え方を「プレート・テクトニクス」と呼ぶようになりました。なお、プレートという英語はもともとは板や皿という意味で使われますが、地球科学では厚さ一〇〇キロメートルにもなる巨大な岩でできた板のことを指します。

テクトニクスとはギリシア語の「テクトン」（建築者）に由来し、日本語では「変動学」と訳されます。地球上に見られる造山運動や地震・火山などのダイナミックな地学的現象を起こす主体としてプレートが位置づけられたことで、プレート・テクトニクスという新語が造られたわけです。

やがて、地球上のプレートどうしの境界は、三つのタイプで構成されることがわかってきました。すなわち、プレートが誕生する場所、プレートが消滅する場所、プレートがすれ違う場所、の三つです。

第一の「プレートが誕生する場所」は海の底にあります。プレートをつくる高温の材料が地下深部から上がってきて、海底で固まったのです。ここで誕生したプレートは、水平方向に広がってゆきます（図4－4参照）。中央海嶺では二枚のプレートが固結しながら互いに離れてゆきます。

この場所は深海底にありますが、地球上で唯一、陸上でも見られるところがあります。北大西洋のアイスランドでは、現在でも地下でプレートが誕生し、地上が引き裂かれつつあるのです

図4－5　アイスランドでは現在も地上が引き裂かれつつある

右がユーラシアプレート、左が北米プレート
（佐野広記氏撮影）

（図4－5）。

第二の「プレートが消滅する場所」とは、プレートが行き着く先の「海溝」です。ここでは、一つのプレートが他のプレートの下に沈み込んで消滅してしまいます。日本列島はその典型で、これによって地下で地震が発生し、マグマが生産されるのです。

第三の「プレートがすれ違う場所」とは、プレートどうしが横ずれし、誕生もしなければ消滅もしていない場所です。有名な例としては、カリフォルニア州のサンアンドレアス断層があります。ここではプレートどうしが横ずれする境目に、巨大な「活断層」が形成されています。これは地球上の断層に関する新しい解釈となりました。

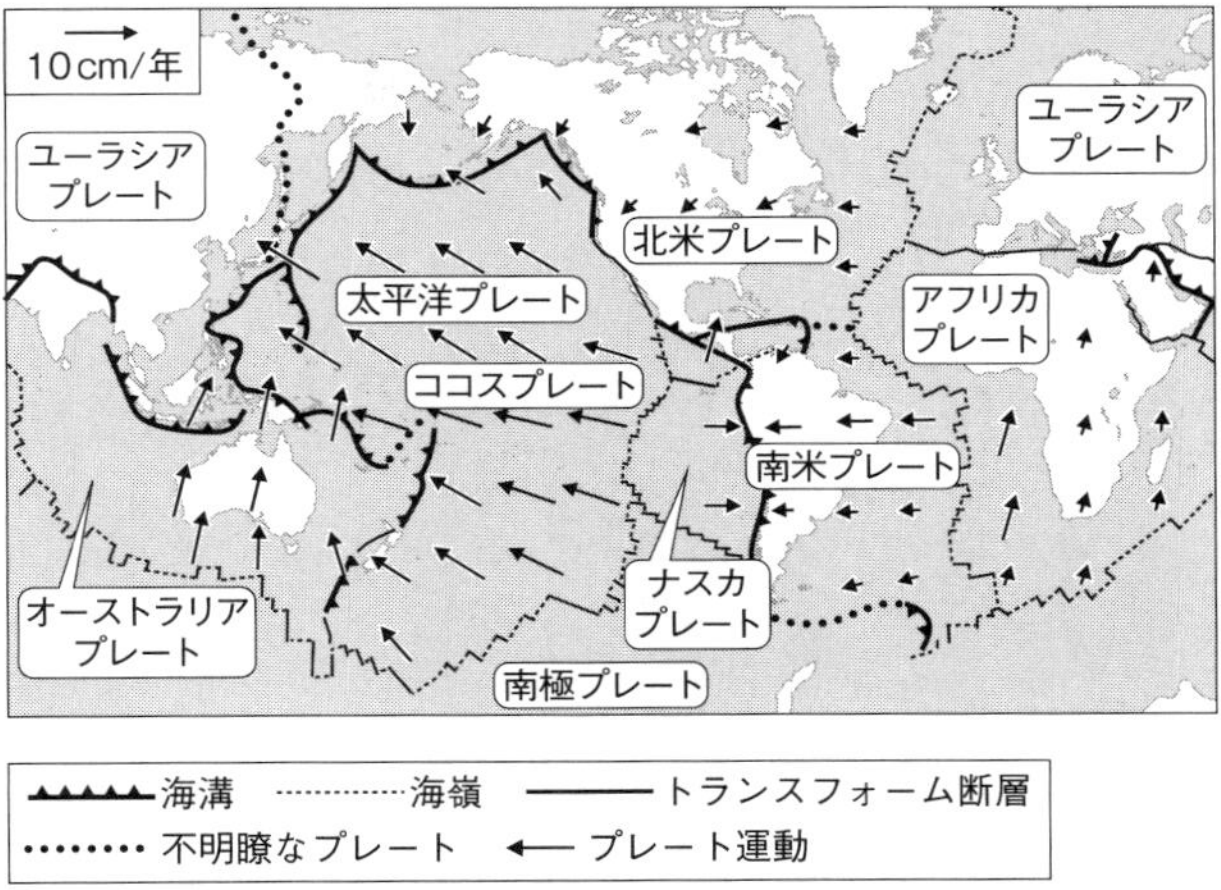

図4－6　地球表面を覆うプレート（井田喜明氏による図を一部改変）

プレートは岩の板なのでかなり硬いものです。しかし、硬いからといってじっと固定されているのではなく、長い時間がたつと曲がったり動いたりする性質を持っています。実際には、水平方向に一年あたり数センチメートル～一〇センチメートル動いていることも判明しました。なお、この速さは私たちの爪が伸びる速度とほぼ同じです。

地球科学の「革命」

プレート・テクトニクスは、大陸移動の原動力をきちんと説明したという点で、きわめて説得力に富む仮説でした。地球の表面の七割は海で、残りの三割は陸から構成されていますが、いずれもプレートと呼ばれる厚い板で覆われていることもわかりました（図4－6）。すなわち海の底は「海洋プレート」、また陸地は「大陸プレート」という岩板で、いずれもできているのです。

大陸移動説から発展したプレート・テクトニクスは、地球上の数多くの事実を見事に解明しました。プレートという見方を持ち込むことで、地震や噴火など、まったく別のもののように見えるさまざまな現象を、シンプルに解釈することが可能になったのです。

ちなみに、プレート・テクトニクスによって地震活動が説明できるようになったことは、医学において血液循環の知識が心臓発作を説明できるようになったことに似ているともいわれています。血液が体内を循環していることは、イギリスの医師ウィリアム・ハーヴェイ（一五七八〜一六五七）が一六二八年の著作において、世界で最初に明らかにしました。

さて、こうして一九六〇年代の後半に、地球科学に学問上の「革命」がもたらされました。科学の使命の一つに、複雑な現象をシンプルに説明するという仕事があります。プレート・テクトニクスという考え方は、まさにエレガントに、地球のダイナミックな動きを説明したのです。

ウェゲナーの大陸移動説はおびただしい数のデータによって半世紀ほどのちに実証され、一九七〇年代には一般的な地球科学理論として受け入れられるようになりました。科学は新しいアイデアをきっかけに、一気に進むことがあります。

この時期には日本人の研究者もおおいに活躍し、世界の地球科学研究に貢献しました。たとえば、上田誠也教授と杉村新教授は日本列島の沈み込み帯（後出）などの成因に、中村一明教授と久《く》城《しろ》育夫《いくお》教授は火山とマグマのメカニズムなどに、金森博雄教授と安芸敬一教授は地震のメカニズムなどに、それぞれきわめて重要な成果を上げました。いずれも私が学生時代や、研究者の卵の時代に教わった先生です。その結果、プレート・テクトニクスは地学の基本的な考え方となったのです。

　地球の表面は一〇枚ほどのプレートに覆われています。これらのプレートが横に動くために、プレートが接する場所ではプレートどうしが衝突したり、またすれ違ったりするのです。

まず、一つのプレートが別のプレートの下に沈み込むという運動によって、地球上では地震や火山の噴火が頻繁に起きます。さらに、ヒマラヤ山脈やアルプス山脈など、地球表面を構成する主要な地形の成因も解明されたのです。こうしたメカニズムについて、以下でくわしく述べていきましょう。

ヒマラヤ山脈の誕生

　そもそもプレートが地球の表面を移動するために必要な力は何でしょうか。そこで、プレートに働いている力を見ていきます。プレートが誕生するところでは、プレートをつくる材料自体があり余っているため、プレートを横へ押し広げてゆきます。

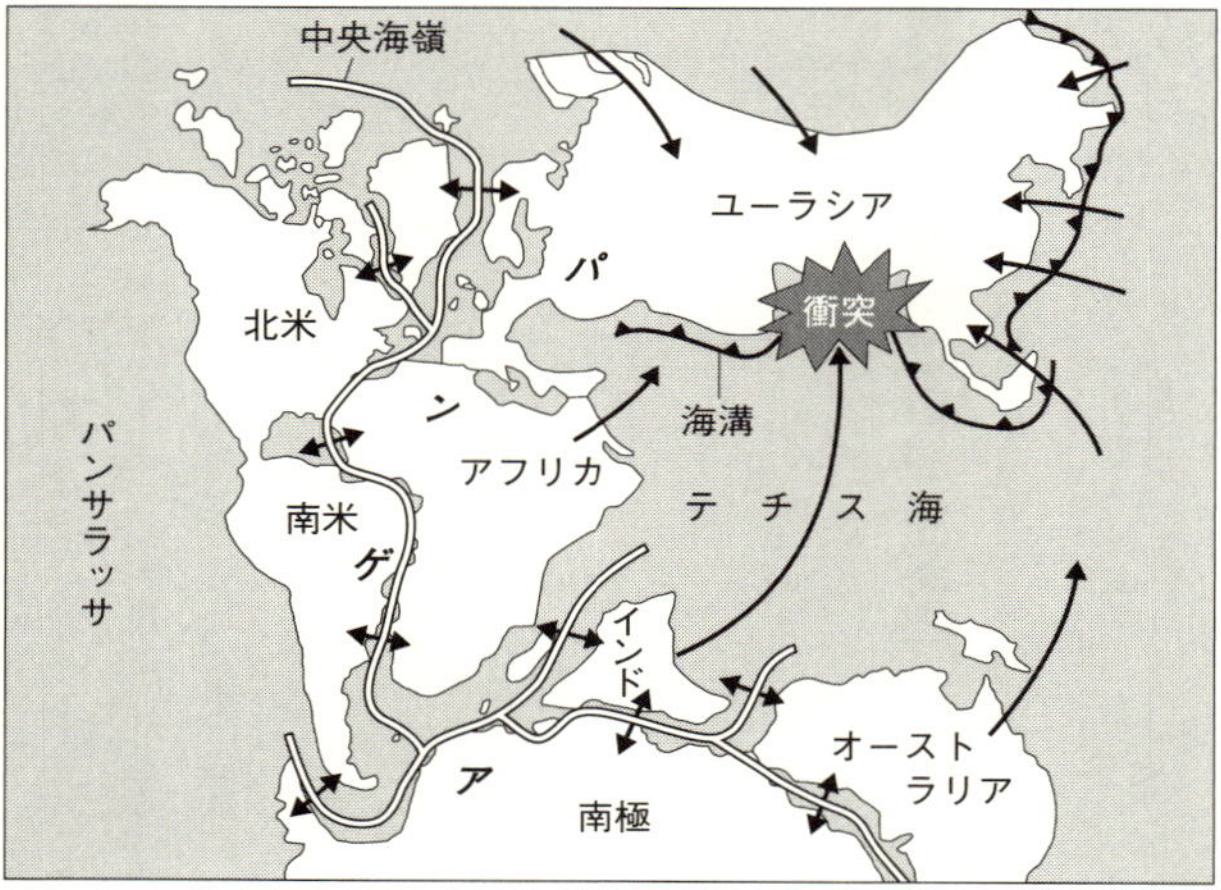

図4－7　パンゲア超大陸の分裂とインド大陸の移動
（木村学氏と大木勇人氏による図を一部改変）

一方、大陸の縁に沈み込むプレートには、下から引っ張り込む力が働いています。たとえてみれば、テーブルクロスの端を引っ張るようなものです。すなわち、この二つの力が合わさって、プレートは何億年という長い時間をゆっくりと横へ移動するのです。

このような力をたえず受けているので、沈み込むプレートは、ときに跳ねることがあります。このときに大地震を起こすのです（くわしくは第8章で説明します）。

さらに、もうひとつ驚くべきことに、プレートは大陸上の巨大な造形物、すなわち山脈をも形成します。たとえば世界屈指の高地であるヒマラヤ山脈も、そこにそびえたつ世界最高峰のエベレスト山（標高八八四八メートル）も、プレート運動のなせる技です。「世界の屋根」は、世界最大のオブジェ群とでも言ったらよいでしょうか、その形成メカニズムもプレート運動で説明できるのです。

ヒマラヤ山脈の南には、インド大陸があります。かつて、この大陸は南のインド洋上にありました。実はここにも、「大陸移動」のストーリーが潜《ひそ》んでいます。

ウェゲナーが提唱した超大陸パンゲアが分裂し、かつて南極大陸とくっついていたインド大陸が、移動を始めたのです（図4－7）。そして、一年に一〇センチメートルほどの速さでゆっくりと北上し、北にあったユーラシア大陸にぶつかりました。衝突する直前には、一年に二〇センチメートルの速度に達していました。

二つの大陸が比較的大きな速度でぶつかり合うと、大陸プレートがもう一方の大陸プレートの上に乗り上げるという現象が起きます（図4－8）。すなわち「大陸衝突」と呼ばれる現象です。

このとき、インドプレートは大陸プレートの性質を持ち、それらを構成する岩石は、プレートの下にある「マントル」の岩石と比べると軽いのです。マントルとは、地球内部を占める部分の名前で、プレートの下、核（コア）の上にあります（次章でくわしく述べます）。

一般に、マントルの岩石はその上にあるプレートの岩石よりも重い（すなわち密度が大きい）ことが知られています。その結果、軽いインドプレートは重いマントルの中へもぐり込むことができず、ユーラシアプレートの下に滑り込むようになりました。

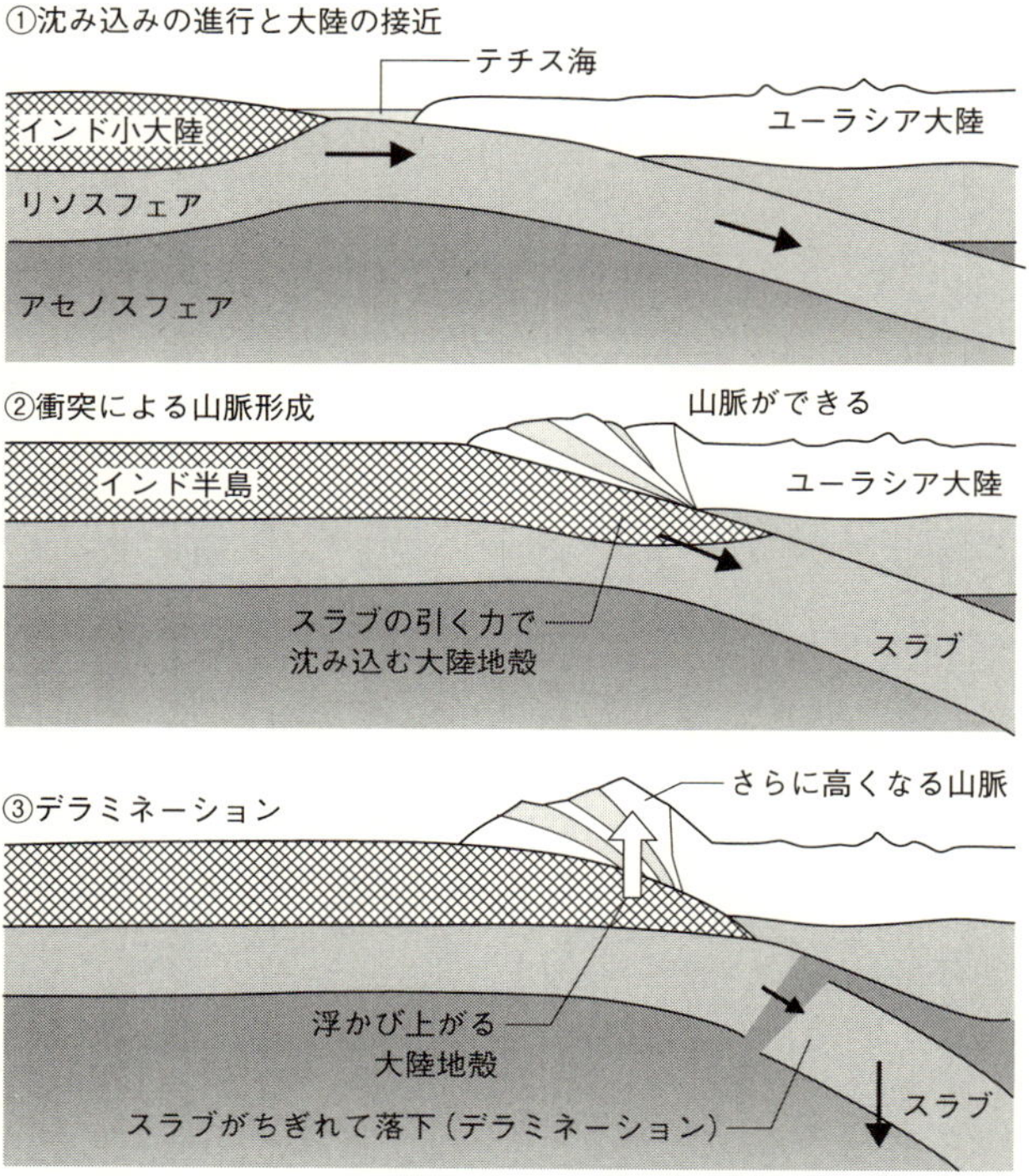

図4－8　インドの衝突とヒマラヤ山脈の形成
ユーラシアプレートの下へインドプレートが潜り込むことでヒマラヤ山脈が隆起した
（木村学氏と大木勇人氏による図を一部改変）

こうして、非常に長い時間をかけて、何千キロメートルにわたる大規模な地殻変動が起きました。いまから四〇〇〇万年ほど前のことです。

さらに、二つの大陸が衝突するときには、大きな抵抗力が生じます。その結果、地層をグニャグニャに曲げる褶曲や、バリバリに切断する断層といった変形した構造をたくさんつくります。こうした現象を引き起こしながら、二つの大陸が合体していきました。

この結果、インド大陸はユーラシア大陸の下にもぐってしまい、ぎゅうぎゅうとユーラシア大陸を押しつづけました。そのため、できあがったのが、世界最高峰がそびえるヒマラヤ山脈だったのです。

さらに、次々ともたらされた過剰な物質が重なることによって、ヒマラヤ山脈とチベット高原の連なりが形成されました。沈み込んだインドプレート物質がユーラシアプレートの奥まで入り込んだため、きわめて広い範囲で地殻を押し上げたのです。そのため、この地域の地殻は、通常の二倍の厚さになっています。

したがって、標高八〇〇〇メートルを超える山からなるヒマラヤ山脈で、海に棲む貝の化石が見つかることがあります。かつてインド大陸とユーラシア大陸のあいだの海底で堆積した物質が、押し上げられたからです。

なお、もぐり込んだインド大陸は、現在もなお、ユーラシア大陸を押しつづけています。一年に五センチメートルほどの速さで北上しているため、ヒマラヤ山脈は現在でも毎年約五ミリメートル高くなっているのです。

また、インド大陸が押している力は遠く中国にまで及んでおり、内陸部でしばしば起きる地震の原因にもなっています。ユーラシア大陸という安定大陸の中であるにもかかわらず、大陸衝突の余波で直下型地震が発生するのです。

ヒマラヤ山脈をつくり上げた一連の現象が、造山運動と呼ばれるものです。大陸上にある大規模な山脈はすべて、何千万年という長期にわたって継続した造山運動の結果です。いずれも新生代のプレート運動によって起きたものです。

ヨーロッパ・アルプスの形成

同じような現象は、ヨーロッパでも起きています。イタリア・スイス・フランス・オーストリアにまたがるヨーロッパ・アルプスは、全長一二〇〇キロメートルにわたるヨーロッパ最大の山脈です。ここには堆積岩や変成岩などからなる標高五〇〇〇メートル近い高山が並んでいます。

フランス・イタリア国境にあるアルプス最高峰のモンブラン（標高四八〇八メートル）をはじめとして、スイス・イタリア国境のマッターホルン山（四四七七メートル）、スイスのユングフラウ山（四一五八メートル）などの著名な山岳がひしめいています。

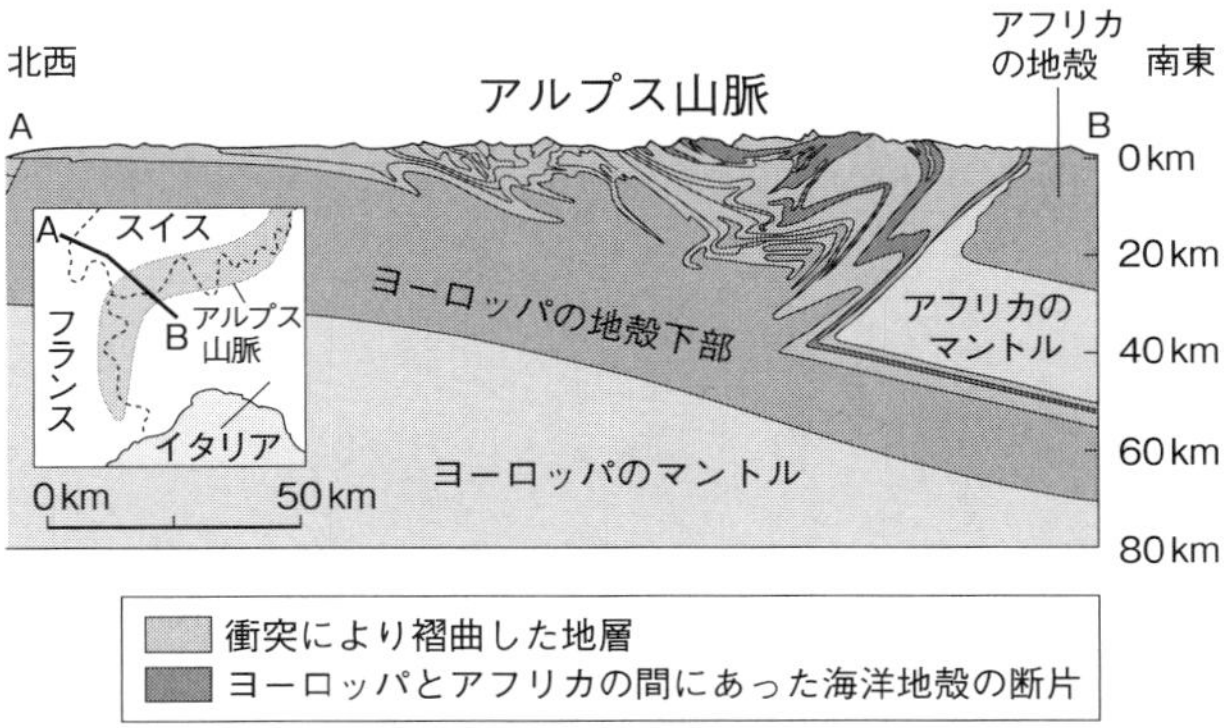

図４－９　アルプス山脈で典型的に見られる造山運動と褶曲の形成
（啓林館『地学Ⅰ』の図を一部改変）

地形的に見ると、アルプス山脈は東西方向に高まりが連なっています。その結果、水源とする河川が南北に流れ下り、北海へそそぐライン川、黒海に流れるドナウ川、地中海へ向かうローヌ川などに分かれました。そして、山脈の南に位置するイタリアと、山脈の中あるいは北に位置するスイスやドイツなどの間に、気候的な差異が生じています。

実は、このアルプス山脈は、アフリカ大陸がユーラシア大陸を押しつづけたためにできたものです。すなわち、北上するアフリカ大陸が、ヨーロッパ大陸にゆっくりと衝突することによって、巨大な隆起地形がつくられたのです（図４－９）。

アルプス山脈が隆起を始めたのは、いまから七〇〇〇万年ほど前以降で、地質時代でいえば中生代の末期から新生代に入ってからのことです（図３－５参照）。

ちなみに、この頃にはさきほど述べたアジア大陸のヒマラヤ山脈だけではなく、たとえば北米大陸のロッキー山脈や南米大陸のアンデス山脈など、世界の主だった山脈も隆起を開始しています。つまり、「世界の屋根」は、ほぼ同時に形成されたのです。

ヨーロッパの地殻変動の歴史を少しくわしく見てみましょう。新生代になって、北上するアフリカ大陸がユーラシア大陸に近づいてきました。これによって両大陸の間にあった（古地中海としての）テチス海が消滅し、アフリカ大陸とユーラシア大陸は、ほぼ連続する状態となりました（図4‐7参照）。

造山運動は地層を高く隆起させるだけでなく、さまざまな地層の中に変形構造を残しています。アルプス山脈で典型的に見られる造山運動も、ときにはさきほど述べた褶曲や断層をつくります。どちらの姿も、非常に美しいものです。

なお、火山学者で写真家の白尾元理《もとまろ》氏はその著書『地球全史　写真が語る46億年の奇跡』『新版　日本列島の20億年―景観50選』（いずれも共著、岩波書店）に、世界中の美しい「ジオアート」の写真を載せています。造山運動がつくった世界の辺境の褶曲が、見事にファインダーの中に切り取られています。その美しさは地学ファンだけではなく、多くの人の感動を呼び起こしています。いわば彼がフレームに収めているのは「地球の仕事」なのです。

そして「地球の仕事」の原動力が、まさにプレート運動です。地震も噴火も、災害であるという点では、われわれ人間にとって決して歓迎すべきものではありません。しかし、地球全体という「長尺《ちょうじゃく》の目」で眺めたとき、そこには自然だけが形成できる造形美があるのです。

アルプス山脈の内部構造

では、アルプス山脈の内部はどのような構造になっているのでしょうか。山脈の大部分は、海底に岩石の粉や生物の遺骸が溜《た》まった堆積岩からできています。こうした堆積岩が何十万枚もの層をなして地層となっています。アルプス山脈には褶曲や断層を起こした地層がたくさん露出していて「褶曲山脈」とも呼ばれています。

こうした現象は、アルプス山脈が形成された時期に激しい地殻運動があったことを示しています。そのとき地盤に加えられた力により、地層が水平距離にして一〇〇キロメートルも移動しているところもあるのです。

また、アルプス山脈の山頂部には、マグマが冷え固まった「花崗岩《かこうがん》」や、岩石が熱や圧力を受けて変形した「変成岩」が露出しています。

なお、アルプス山脈の隆起は現在でも続いており、その隆起速度は一年あたり一ミリメートルほどです。

さらに、ヨーロッパ大陸の下へ沈み込んだアフリカ大陸によって、プレートの境界で地震が起き、また活火山の噴火が起きています。たとえばイタリアやギリシアで起こる地震や噴火は、こうしたプレート沈み込み運動のあらわれです。

新生代以後に見られるさまざまな地形には、たとえば巨大な山脈や河川など、私たちにとって地理上の知識としてお馴染みのものが少なくありません。しかし、それらが形成された成因は長い間、うまく説明することができないままでした。

そこに、プレートという見方を持ち込むことで、地殻の変動にまつわる多様な現象をシンプルに解釈することが可能となりました。言い換えれば地質学者は、このような地層の変形を観察しながら、プレートがどのように動いていったのかという「プレートの歴史」を推理しているわけです。

何千万年にもわたって継続するプレートの運動は、それぞれの時代に特有の「証拠」を残してきました。そして、地表に残された地層のさまざまな変形を観察することで、地質学者は逆にプレートがどのように動いていったのかを推理してきました。すなわち、「プレートの歴史」は、地球の歴史を繙《ひもと》く上でもきわめて強力な情報となったのです。

こうしてプレート・テクトニクスから、地球上のさまざまな大地形ができる成因が、具体的に解明されました。一九六〇年代に提唱されたプレート・テクトニクスが「地球科学の革命」と呼ばれるようになった理由が、よくわかると思います。

コラム④

日本の地学研究者はどのような業績をあげていますか？

日本の地学研究には、世界と比べてもトップを走る業績がたくさんあります。数ある中でも、地球の最深部にある核（コア）をめざした研究が白眉《はくび》でしょう。

東京工業大学の廣瀬敬教授は、マントルの底で核との境界にある物質を突きとめました。地球の中心部は圧力が三六〇万気圧、温度が五〇〇〇度以上という、きわめて高圧・高温の状態です。彼はこれを「実験室で再現する」という目標を立て、「ダイヤモンドアンビルセル」という高度な装置をつくったのです。

具体的には、「一個のダイヤモンドを正一六角錐にカット」して、「その先端を少し削って平らに」したのち、「その上に試料を載せ」、さらに「上下から挟み込む形で試料に圧力をかける」という途方もない作業を延々と行いました。その結果、ついに世界ではじめて地球内部が再現されたのです。こうした職人わざも、地学の研究者は身につけています。

現在、廣瀬教授は地学と生物学を融合した地球生命研究所を率いて、地球と生命の誕生の謎を解明したいと意気込んでいます。彼は私の大学の後輩で

爆発的な噴火によって、ひっきりなしに噴煙が立ち昇る桜島。その噴火予知は、日本が世界に誇る精度の高さである

すが、これからどんな驚くべき成果をあげてくれるのかが大変楽しみです。

もう一つ、世界屈指の火山国日本ならではの噴火予知研究を紹介しましょう。鹿児島県の活火山、桜島の地下深くに据えられている、噴火を事前に察知する観測装置による研究です。

火山は噴火にともない、山が膨れたり縮んだりします。地下にあるマグマが地上に上がるときは山体が膨張し、反対にマグマが下へ引っ込むときは、山体は収縮するのです。こうした変化はきわめてわずかなもので、非常に精確な測定をすることではじめて確認できるものです。

桜島では、斜面にトンネルを水平に掘り、水管《すいかん》傾斜計という装置を設置しています。噴火の一〇分から数時間ほど前に山が膨張をはじめ、噴火が終わると収縮

日本の地学研究者はどのような業績をあげていますか？

しばじめるのを確かめながら、噴火の前に警報を出すという観測システムです。このおかげで、桜島の爆発的な噴火の予知が可能となったのです。

桜島で用いられた地殻変動の測定原理は、戦前に地球物理学者の萩原尊禮《たかひろ》教授が考案したものです。その後、ハワイのキラウエア火山でも応用され、世界一の精度を誇っています。日本のこうした技術は、活火山を持つ海外の国々にも輸出・提供されているのです。

ちなみに、桜島火山観測所は京都大学の研究施設であり、私も学生や大学院生に最先端の現場を見せるために連れていっています。

第5章 マグマのサイエンス
——地球は軟らかい

1986年11月21日、伊豆大島で、突然目の前で始まった割れ目噴火。マグマのしぶきは上空1500メートルまで上昇した（鎌田浩毅撮影）

プレート・テクトニクスは地上のさまざまな地形の成り立ちを明らかにしました。その代表が火山です。本章では火山をキーワードとして、さまざまなプレートの活動を見ていきます。

とくに、二〇世紀の後半に明らかになったマグマの成因説に基づいて解説をします。マグマの活動は前章までの地質学的な事象と異なり、再現性の高いものです。たとえば、世界中どこでも、ある一定の条件が揃《そろ》えば、同じようなマグマが産出します。すなわち、マグマに関する地学は、物理学や化学とも馴染《なじ》みが深いものなのです。そのため二〇世紀の後半に実験室でマグマがつくられるようになって、火山学が急速に進展しました。

なお、ここでの研究成果には日本人が大きく貢献してきました。その理由の一つは、世界の変動帯に位置する日本列島の活火山に、私をはじめ多くの地球科学者の関心が高かったからです。こうした結果として、わが国の火山学は、世界的な水準を維持することになりました。

火山は地球の熱を効率よく放出している

さて、火山というと、富士山や桜島のようにこんもりと盛り上がった山をイメージするかもしれません。しかし実際には、低い丘や、広い台地のようなものなど、さまざまな形があります。火山とは、マグマが噴出することによってつくられる特徴的な地形すべてのことをいうのです。

火山からマグマが地表に噴出するとき、マグマといっしょに、地球の内部からは大量の熱が放

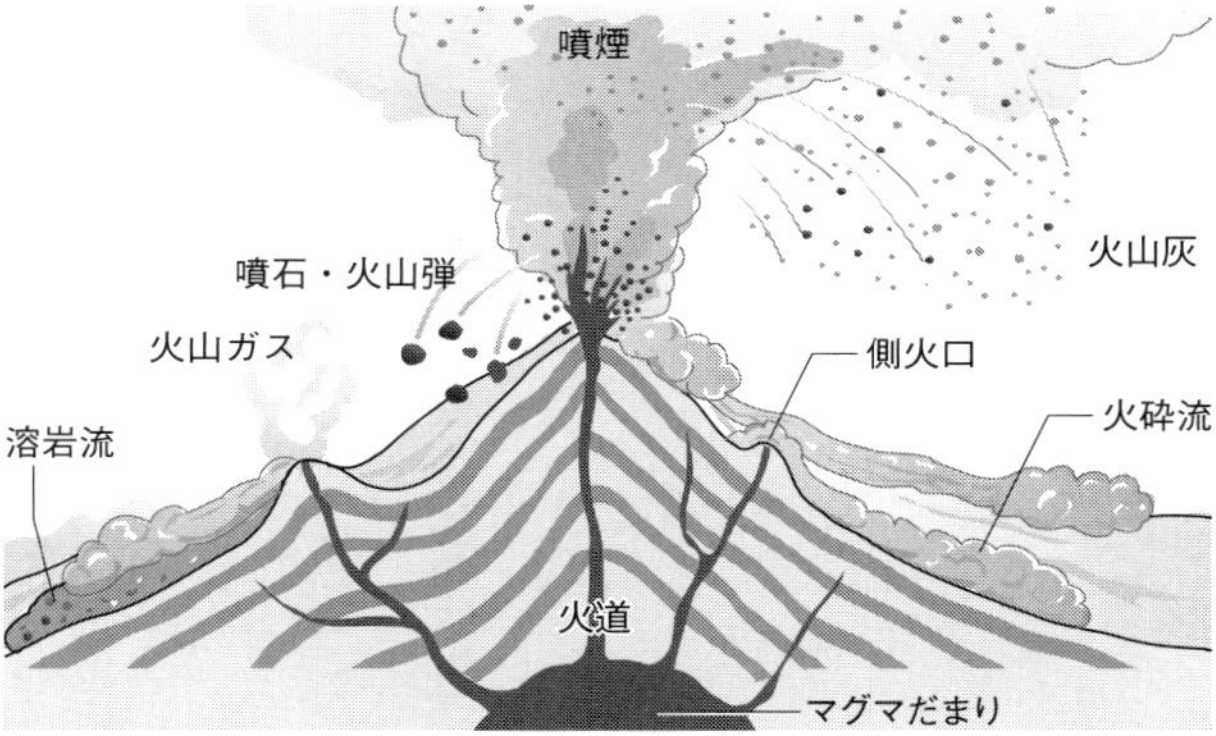

図5－1　火山の断面図と噴出物（筆者作成）

出されます。したがって、火山が噴火するたびに、地球は冷えてゆくことになります。言い換えれば、地上に火山がたくさんあるのは、地球が効率よく熱を出すためでもあるのです。

マグマとは、地下にある岩石が溶けて液体状になったもので、八〇〇～一三〇〇度もの高温になっています。マグマは火山の地下の、地表から数キロメートルのところにたまっています。これを「マグマだまり」といいます（図5－1）。多くは直径が数キロメートルの大きさで、地上にある火山の大きさと比べると、それほど大きくはありません。

このマグマだまりのマグマが、あるきっかけで上昇し、「火道」とよばれるマグマの通り道を通って火口から噴出するのが噴火です。そして地表に出たマグマを「溶岩」と呼びます。

地球上には活火山が一五〇〇個ほど存在します。世界地図で火山ができている場所を見ると、地域的にかたよっていることがわかります。実は、火山がどこで噴火するかは、地表を覆っているプレートが決めているのです。

プレートの動きによって、火山は特定の場所に発生します。噴火はプレートとプレートの間で起きたり、プレートの真ん中で起きたりしています。プレート運動が噴火のみなもと、と言ってもよいでしょう。以下では、プレートの動きと火山との関連をくわしく見てみます。

火山ができる場所は三通り

第4章で述べたように、地球上には、一〇枚ほどのプレートがひしめき合っています（図4-6参照）。このプレートは、じっと止まっていることがありません。四〇億年もの大昔から、ひっきりなしに動いているのです。

ある場所では、プレートは地面の下からわき上がってきます。また別の場所では、プレートが地面にもぐって消えてゆきます。ちょうどベルトコンベアを上から見たように、プレートは片方で生まれて、もう一方で消えていくのです。

プレートが生まれるところは、前章で解説した中央海嶺です。一方、プレートが地下にもぐってゆくところは、「沈み込み帯」といいます。ここではプレートが別のプレートの下に押し込まれています。中央海嶺でできたプレートは、しばらく水平に動いていき、沈み込み帯で斜め下に

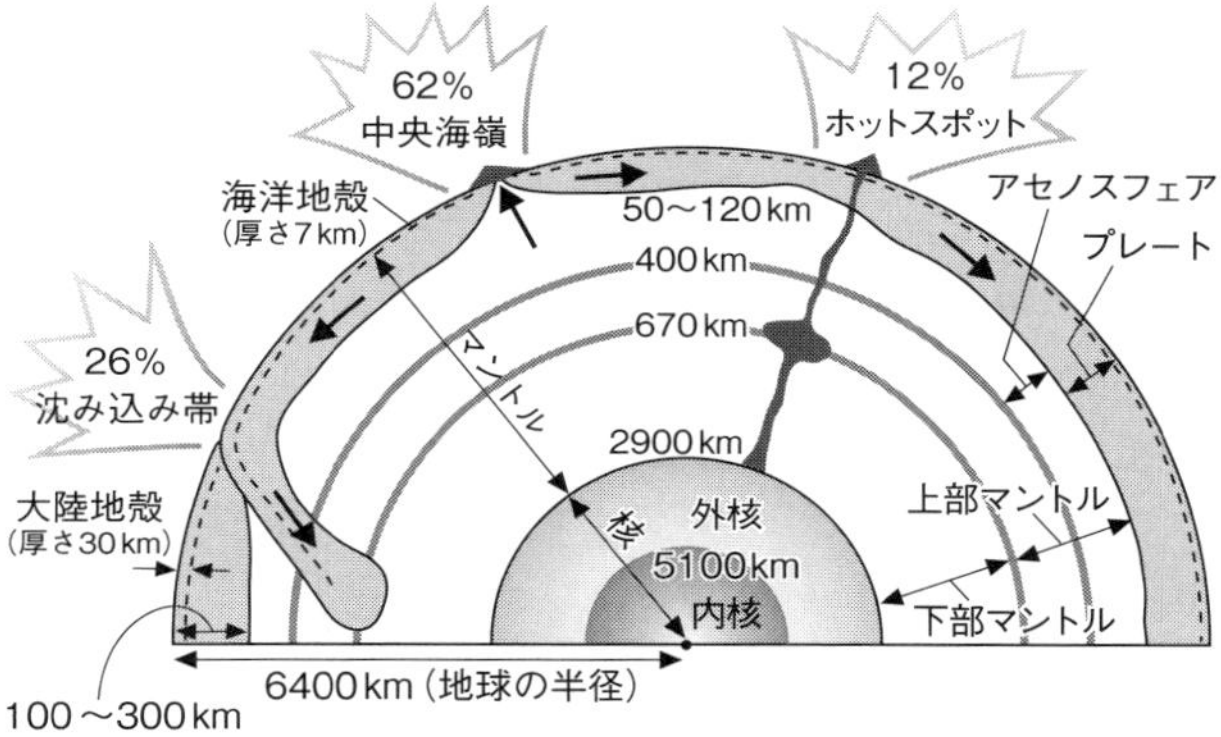

図5－2　マグマが噴出する場所（佐野貴司氏による図を一部改変）

沈み込んで消滅します。これがプレートの基本的な動き方です。

プレートの運動は、マグマや火山のでき方と深く関係しています。その位置関係から、マグマは三つの地域、すなわち（1）中央海嶺などのプレートが誕生している場所、（2）プレートが沈み込む場所、（3）「ホットスポット」と呼ばれるプレートの中央部、のいずれかで噴出することがわかっています（図5－2）。

（1）は海底からマグマが上がってくる場所で、海水にふれて冷えたマグマは固まって溶岩となります。こうしてできた厚い岩の板がプレートとなるのです。

中央海嶺では、新しく二枚のプレートができます。これらは中央海嶺を中心として、それぞれ反対方向に進みます。たとえば、太平洋には東太平洋海膨《かいぼう》と呼ばれる中央海嶺があります。ここでは海底火山が海嶺に沿って連なっていて、その火山活動によってプレートが生まれています。

（2）は、海で誕生したプレートが大陸の下に沈み込む場所です。たとえば日本の火山は、海洋プレートが大陸プレートの下に沈み込む場所でできています。のちにくわしく説明するように、ここではプレートがある深さに達すると、温度と圧力のバランスによってマグマが生まれます。

これらに対して、（3）はプレートの真ん中にできる火山です。具体的には、太平洋の真ん中にあるハワイ諸島のような場所で、プレートの動きとは無関係にマグマが存在しています。

ここでは、地中の奥深くにあるマグマが、プレートを突き破って上昇し、火山活動を起こしています。すなわち、下から上がってきた熱いマグマが、地表に点々とわき上がってきたように見えます。このため「ホットスポット」（hot spot）と呼ばれているのです。

このように地球上の火山はすべてこの三つに分類され、それぞれ中央海嶺の火山、沈み込み帯の火山、ホットスポットの火山、と呼ばれます。それぞれの場所がマグマを噴出する量の割合は、六二パーセント、二六パーセント、一二パーセントです（図5－2参照）。

地球最大の火山は中央海嶺

海底が新たに生まれている中央海嶺では、毎日のように噴火が起きています。地表の七割を占めている海の中で、中央海嶺の全長は六万五〇〇〇キロメートルにも達し、これは地球を一周半ます。以上する長さです。そして地球上で生産されるマグマの三分の二ほどが、中央海嶺で噴出しています。

また、地球全体から放出される熱の七割以上が、中央海嶺から出ています。「中央海嶺は地球最大の火山」といわれる理由です。ちなみに、もともと海の底にある中央海嶺が、陸に上がった場所があります。前章でも紹介したアイスランドです（第4章の図4－5参照）。火山噴火と地震活動が頻繁に起きることでも有名なこの巨大な火山島は、世界中の地球科学研究者のメッカでもあります。

アイスランドで中央海嶺が海面上に現れたのには、理由があります。その地下であまりにも大量のマグマが出たため、ついに島となったのです。

アイスランドの火山活動には、重要な特徴があります。それは、大規模な「割れ目噴火」です。すなわち噴火が起こると同時に、地面に割れ目が一〇〇キロメートル近くもできるのです。

その割れ目からは、大量のマグマが噴水のように噴き上がります。まっ赤なマグマの壁が、何十キロメートルもの距離にわたって、そそり立つのです。これを「火のカーテン」と呼びますが、まさにそう表現するのにふさわしい光景です。

また、アイスランドの中央部には、北東から南西方向に延びた活火山の列があります。ここは最も新しい噴火が起きている地帯であり、「中央帯」と呼ばれる、火山の〝目ぬき通り〟です。

そのまわりには、少し古い時代に噴火した火山が、平行して並んでいます。さらにその周囲には、もっと古い火山が並ぶ、というように、外側にいくにしたがって、火山が規則的に古くなります。島の東と西の端には、一六〇〇万年前に噴火した最も古い火山があります。

このような帯状の火山の配列は、地面が東西に引き裂かれてできたものです。アイスランドの中央には、大きな裂け目が通っています。その裂け目をめがけて、マグマが次々と入ってきたのです。まったく同じタイプの火山活動が、世界中の中央海嶺で起きています。

マグマが割れ目を満たすほど入ってこなかったところでは、地面に深い裂け目がそのまま残っています。このような場所は、アイスランド語で「ギャオ」(gjá)と呼ばれています(第4章の図4-5参照)。日本語では「地溝」といいます。

地面の溝《みぞ》とは言い得て妙です。そしてアイスランドの首都レイキャビクの北東には、シングベトリル地溝があります。ここでは幅四キロメートルほどの地帯が、六〇メートルも陥没しています。島全体が東西に引きのばされる力でできた地溝です。

地面が引きのばされたときには、地震が発生します。無理やりかかる力に耐えかねて、岩石が割れるのです。これらは、かつて大西洋の海底で起きた地震と同じものです。アイスランドは、噴火と地震がいっしょに起きる世界一の変動帯なのです。

「沈み込み帯の火山」が密集する日本列島

次に、プレートが沈み込む場所の火山を見ていきましょう。プレートが沈み込むところは、たいてい大陸のへりにあります。日本列島は沈み込み帯の代表的な地域です（図5－3）。日本列島のように、弓なりに島が連なっているところを「弧状列島《こじょう》」といいます。弧状列島はフィリピンやインドネシアやニュージーランドにもあります。世界地図を見ると、いずれも太平洋の端のほうに並んでいることに気づくでしょう。

プレートが沈み込むところでは、必ず火山活動が起きます。たとえば、太平洋のまわりには、環状に火山の連なりができています。これを「環《かん》太平洋火山帯」といいます。太平洋プレートが沈み込むところに沿ってマグマが上がってくる、典型的な沈み込み帯の火山活動です。

沈み込み帯では弧状列島が形成されます。弧状列島は短く「島弧《とうこ》」とも呼ばれますが、文字どおり、島々が弧を描いて続いています。こうした弧状列島は、アジア大陸などの巨大な陸地のへりによく見られます。

インドネシアやフィリピンなども典型的な弧状列島で、その中には活火山が数多く発達しています。弧状列島の延びる方向と平行に、火山が帯状に分布しているのです。このように長く延びた火山地域を地学では「火山帯《たい》」といいます。

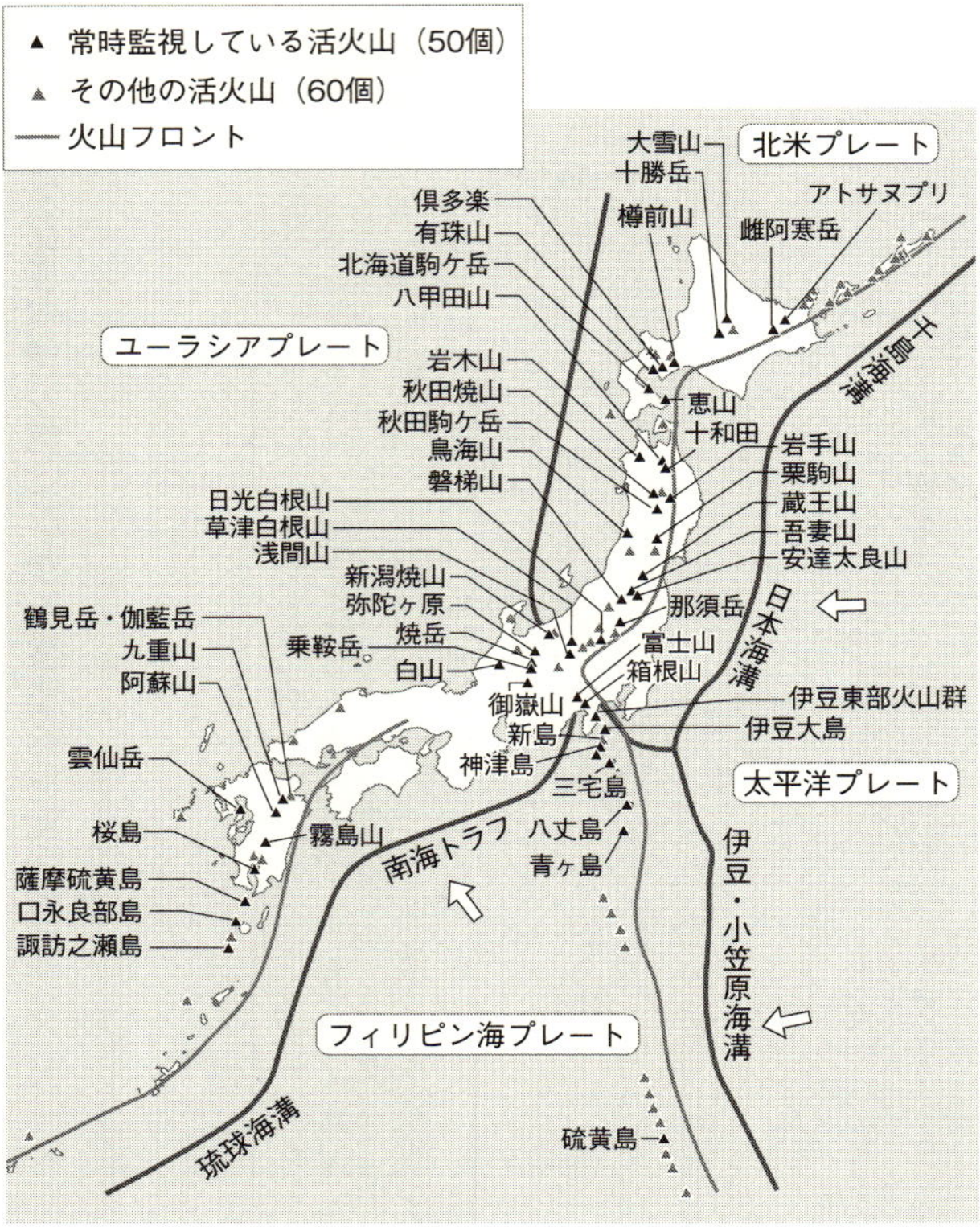

図5－3　日本列島の活火山と火山フロント（筆者作成）

火山帯に含まれる個々の火山の分布には、興味深い特徴があります。ここで日本列島をイメージしてください。日本海溝に近いほうの東側のへりには、火山がたくさんできています。そして西側にいくにつれて、火山の数が少なくなり、しまいには消えてしまいます。

言い換えると、日本列島の火山帯の東側のへりでは、火山が出はじめる境界がはっきりとわかるのですが、その境界を越えてさらに東側には、火山はひとつもありません。境界の西側にだけ、火山ができているのです。この境界のことを「火山フロント」といいます（図5－3参照）。火山が出現する前線という意味です。

火山フロントには、火山のできかたに関する大事なポイントがあります。火山フロントのそばでは、マグマがたくさん噴出しています。よって活火山も火山フロント沿いに多数存在し、大陸側に行くほど少なくなります。日本列島では火山フロントから西に離れるにしたがって、マグマの出る量が減ります。

海底を移動して水分を含んだ海洋プレートは、大陸プレートに恒常的に沈み込んでいきます。この海洋プレートがある深さに達したとき、中に含まれる水分がきっかけとなって、マントルを溶かしてマグマを誕生させます。このマグマが地表に噴き出すと、火山が生まれるのです。

なお、太平洋の対岸にあるアメリカ西海岸では、こうした東西の配列が逆になります。その理由は、プレートが進む方向が日本列島とは逆だからです。

さて、プレートの下にはマントルと呼ばれる領域があります（図5－2参照）。大陸プレートの下に沈み込んだ海洋プレートは、マントルの中をどんどん深く進んでゆきます。

プレートが沈み込んで、ある一定の深さになる場所は、プレートのへりに沿う形になっています。そのため、火山は海溝に沿って列をなして並ぶことになります。弧状列島には必ずこうした特徴が見られます。

そして沈み込み帯のマグマの生成は、マントルの中を沈み込むプレートの動きと密接に関係しています。具体的には、プレートの速度、沈み込む角度、プレートの年代などによってマグマに多様性が生じます。

マグマが生成されるのは、プレートがある深さまで沈み込んだところです。マグマの生成は、地下の「温度」と「圧力」によって決まるのです。先ほど説明したように、マグマ成因の地学は物理学や化学を援用することによって明らかにされてきました。

プレートがさらに深くまで沈み込んでゆくと、マグマのできる量がしだいに減ってきます。そこから先のことは、プレート・テクトニクスではわからない限界となったのですが、その後のマグマの研究によって、深部の新しい描像が得られるようにもなりました。

そのストーリーは次章でくわしく解説することにして、先に、沈み込み帯のマグマ生成のプロセスを見ていきましょう。プレートが沈み込んでいって突き当たるのがマントルですが、それより手前、プレートがある深さまで達したところで起きている現象です。

マグマとはマントルが水を吸収して溶けたもの

プレートとマントルはいずれも岩石からなる固体です。しかし、マントルのほうが、プレートよりも少し軟らかいので、プレートは硬い板として通常はマントルの上をすべるように動いています。ここで、軟らかいマントルはプレートの運動を助けています。

太平洋を移動して日本列島にやってきたプレートは、マントルの中を斜め下にもぐってゆきます（図5－4）。プレートのほうがマントルよりも硬いので、プレートは板のような形をくずさずに、マントルの中を突き進むことができます。

沈み込んだプレートは、深いところにもぐると、中に含まれている水を出しはじめます。プレートをつくっている岩石は数種類の鉱物からなります。そして、いくつかの鉱物は内部に、さまざまな形で水を含んでいます。これを「含水鉱物《がんすい》」といいます。

プレートはもともと海の中でできます。中央海嶺で噴出した溶岩は、最初に海水とふれて変質し、水をすこしだけ含んだ岩石となります。つまり、この岩石の中に含水鉱物ができるのです。

プレートはその後、沈み込むまでの長い期間、海の底を進んでゆきます。たとえば、日本列島に沈み込むプレートは、約一億八〇〇〇万年ものあいだ太平洋の下を動いてきました。その間、

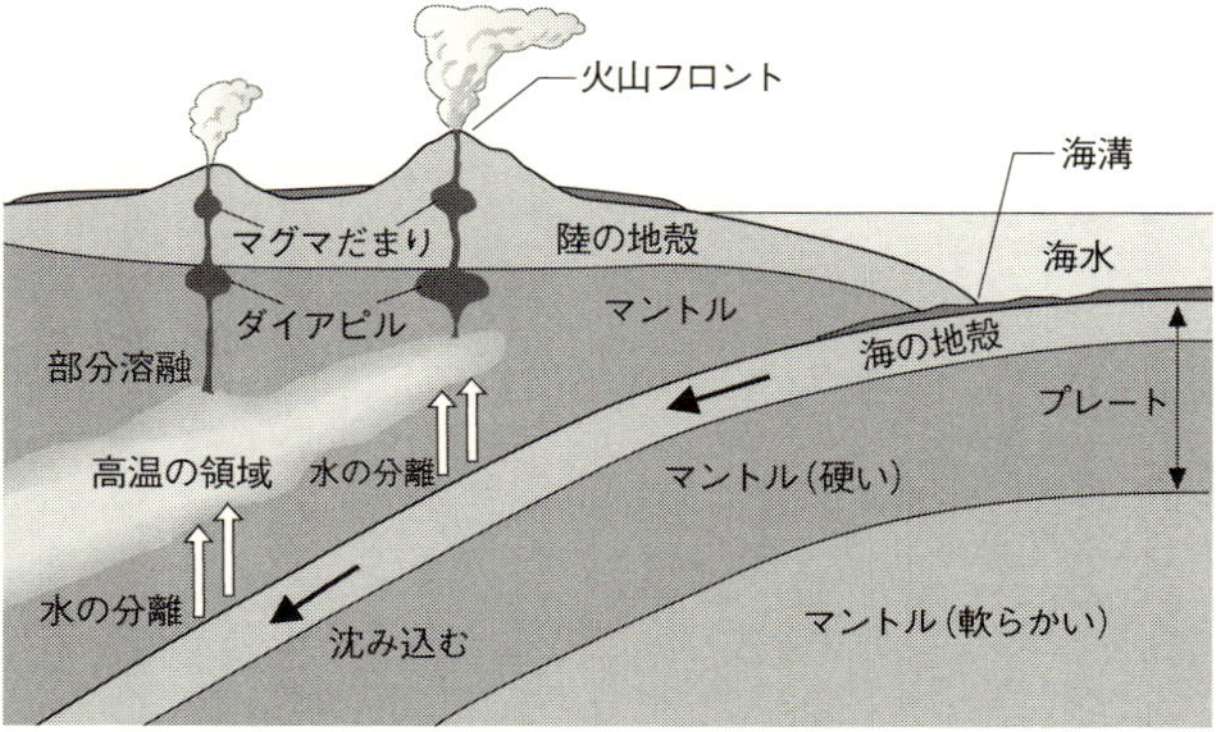

図5－4　沈み込み帯の断面図（筆者作成）

海の中を沈殿する細かい物質が、プレートの上に厚く積もります。この沈殿物は水を含んでいます。これらもプレートといっしょになって、もぐり込んでゆくのです。

プレートが沈み込むと、水をふくんだプレートから水が絞り出されます。水は軽いので、プレートから離れて上のほうに移動します。

沈み込むプレートの上には、マントルがあります。プレートから出た水は、このマントルに吸収されます。マントルの岩石は、水が加えられると少しだけ溶けます。これがマグマのできはじめです。

マグマが地上に達すると火山が噴出し、ここに火山フロントができます。日本列島などの、沈み込み帯にある火山の誕生です（図5－4参照）。

冷たい水がマグマをつくる

マグマはマントル（岩石）が溶けたものです。ところが、普通の状態では地中の温度で岩石が溶けることはありません。なぜなら、地中深くなるほど温度は高くなりますが、同時に圧力も高くなるので、岩石が溶けはじめる温度（融点）も高くなるからです。

マグマができるには特別な条件が必要です。ハワイや中央海嶺のようなところでは、地中深くから高温のマントルが温度を保ったまま上昇しています。すると、まわりの圧力が下がるために融点が下がるので、溶けてマグマができます。マントルの対流によってマントルが上昇する際に、部分的にマントルが溶けるのです。

一方、日本のようにプレートの端にあるところでは、マグマのでき方は異なります。プレートの端でマグマができる大きなポイントは、プレートに含まれている含水鉱物です。プレートが深さ約一〇〇キロメートルまで沈み込むと、含水鉱物から水が絞り出されて、マントル内を上昇していきます。水が入った岩石は、融点よりも低い温度で溶けるようになります。しかし、沈み込んだプレートの真上のマントルは、冷たい海洋プレートに冷やされて温度が低いため、水が入っても溶けることはありません。深さ七〇～八〇キロメートルの、温度が一〇〇〇度に達する深さまで上昇すると、はじめて岩石が溶けてマグマが生まれるのです。

マグマを含んだマントルは、まわりよりも軽いので、かたまりになって上昇します（後述するように、これをダイアピルといいます）。このとき、地殻の底でいったん上昇をやめて、その熱

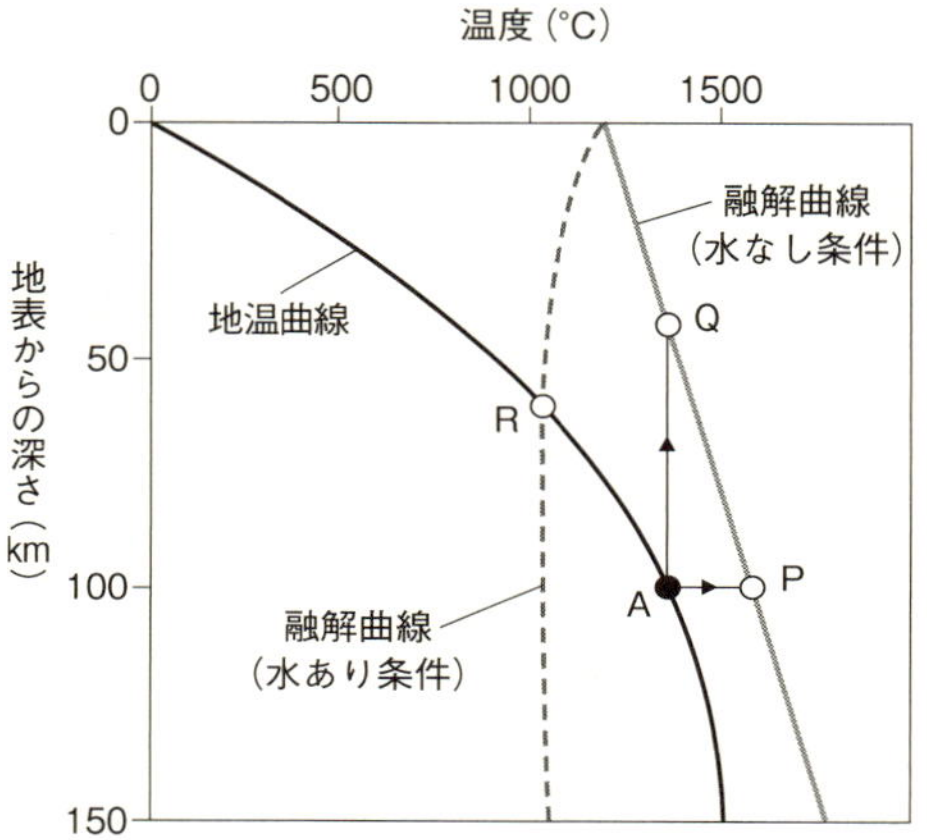

図5－5　岩石が溶けはじめる境目を示す融解曲線（水なし条件と水あり条件）と、地中の温度を示す地温曲線との関係
（久城育夫氏のデータをもとに筆者作成）

で地殻の底の岩石を溶かして新しいマグマを生み出します。新しくできたマグマは、地殻の中をさらに上昇し、浅い場所に「マグマだまり」をつくります。

マグマの誕生でもっとも大事なことは、水が加わると岩石が溶けやすくなる、ということです。不思議なことに、冷たい水が熱いマグマを生み出すのです。プレートの出した水がマントルが溶ける温度を下げる働きをするからです。

この現象は、簡単な図によって理解できます。いま、温度を横軸に、地表からの深さを縦軸に座標をとってみます（図5－5）。

縦軸があらわしているのは、下にいくほど深くなるということです。深くなればなるほど、圧力が高くなることも意味しています。また横軸では、右にいくほど温度が高くなります。

さて、この図で地下の温度状態を示す曲線（Aのある実線）を示します。地球内部は中心に近づくほど温度が上昇します。この曲線は、地下における温度上昇を示しているので「地温曲線」ともいいます。

この図に岩石が溶ける条件を示す線（右方の実線、水なし条件）を書き加えましょう。この線は、岩石が溶けるか溶けないかの境目を示したもので、線より右側では岩石は溶けて液体（すなわちマグマ）になります。一方、線より左側では固まって固体になります。

この線上では岩石が少しずつ溶けはじめることを示しています。すなわち、岩石が溶けはじめる温度と深さ（圧力）の関係を表すので、「融解曲線」と呼ばれます。この線は実験室で岩石を高温や高圧の状態で溶かしてわかった事実（水なし条件）です。

さて、図にあるように地温曲線と融解曲線は交わりません。このことは、通常の地下では岩石が溶けることはないことを意味しています。つまり、地中を深くもぐって温度が上がっても、岩石が溶けるほどの温度には達しないのです。

ここで、沈み込み帯の地下で起きている、岩石に水が加わった条件を考えてみましょう。この図5－5に水が加わった場合の融解曲線（点線、水あり条件）を書き加えます。驚くべきことに、岩石に水が加わると、融解曲線（水なし条件）が左方へ移動するのです。

この結果、融解曲線（点線）は地温曲線（左側の実線）と点Rで交わります。加水によって岩石が溶ける現象を「部分溶融《ようゆう》」と呼びます。この一点に達した岩石から部分的に溶けはじめるからです。

たとえば、弧状列島の火山の下にあるマグマだまりのさらに深部（約六〇キロメートル）に近づくと、岩石の融解が起きることを、この図は示しています。

つまり、海底を長いあいだ水平移動してきたプレートが沈み込む際に、含水鉱物から水が放出されると、マントルを構成する岩石を部分的に溶かし、マグマを誕生させるのです。これは一九六〇年代に、先に紹介した久城育夫教授をはじめとする日本の岩石学者が精力的におこなった室内実験によって初めてわかった成果です。

ダイアピルの上昇と停止

火山が噴火するためには、地下深くにできたマグマが、地表に移動する必要があります。そこでさらに、深い場所で何が起きているのかを見ていきましょう。マントル内部の物質の移動がキーポイントです。

マグマは液体です。地下で固体の岩石が溶けて、少しだけ液体ができることがあります。このマグマが軽くなり、「浮力」をもったときに、地上へ向けて動きだすのです。

マグマが浮力をもつ場合にはいろいろあります。液体は固体よりも密度が小さいので軽く、軽

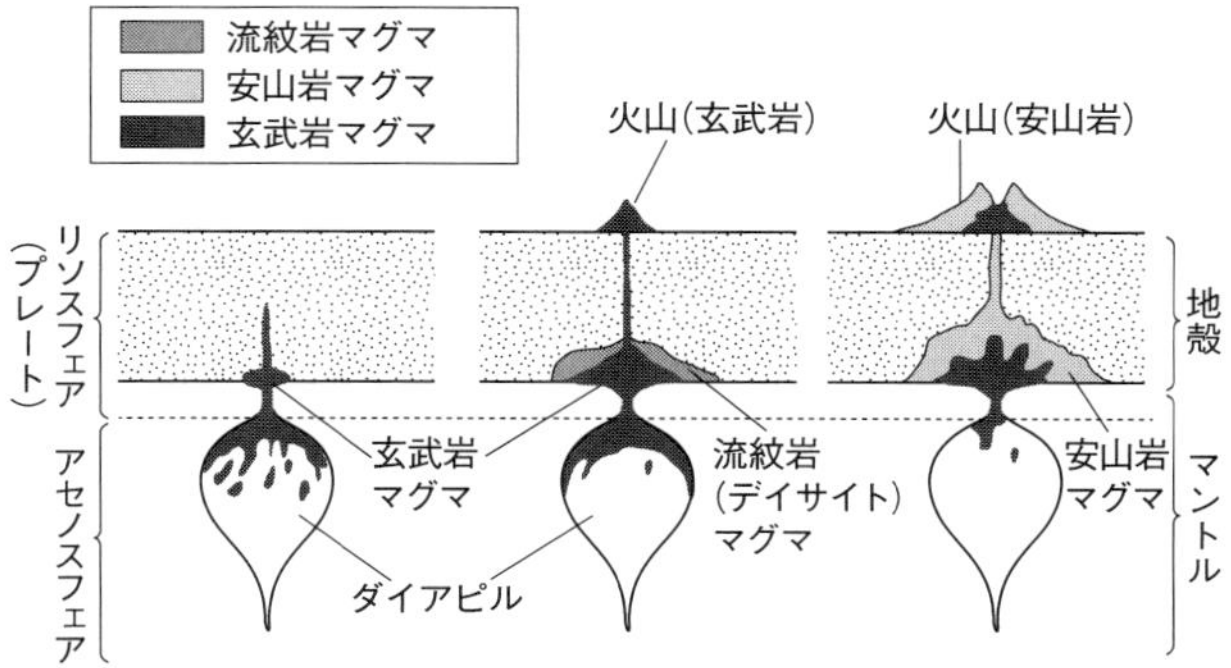

図5－6　ダイアピルの上昇停止と地殻下部でのマグマ形成(筆者作成)

くなった液体は上へのぼろうとします。しかし、まわりが固体だけからなるときには、すぐには動くことができません。

一方、固体の中に液体が散らばっている場合は、液体のない固体よりも全体の密度が小さくなります。よって、液体を部分的にふくむ固体は、浮力をもちます。少しであっても液体をもつ固体には、上へとのぼろうとする力がはたらくのです。

このような状態になったものを、「ダイアピル」(diapir)といいます(図5－6)。ダイアピルはマントルの中をゆっくりと上昇するので、マントル・ダイアピルとも呼ばれます。熱気球が上昇する様子を思い浮かべればよいでしょう。

ダイアピルの中身は、大部分が固体の岩石からなります。これに、溶けた岩石(液体)が少しだけ混じっています。部分的に溶けているので、前述したように部分溶融ともいうのです。けっして岩石全体が溶けたマグマになったわけではありません。つまり、固体の岩石のあいだに、少量の液体のマグマが網目状に入っているという感じです。

ダイアピルの中に少しだけ含まれている液体とは、玄武岩を溶かしたような化学成分の物質です。富士山や伊豆大島で噴火してきたマグマと似た化学組成です。

さて、ダイアピルが上へのぼって圧力が下がると、ダイアピルの中で液体の部分がしだいに増えてゆきます。液体の部分が増えると、ダイアピルはさらに軽くなります。そうなると、ますます上にのぼろうとする力がはたらきます。

とはいっても、ダイアピルは限りなくのぼって、地上に出てしまうのではありません。ある深さに達すると、ダイアピルの密度と、まわりの岩石の密度とがつり合って、上昇が止まるのです。

たとえば、地殻とマントルの境で、ダイアピルは停止します（図5－6参照）。地殻とは、私たちのいる地面のすぐ下の岩石からなる層をいいます。地殻とマントルとは物質が異なっているので、両者のあいだには密度の大きな差ができています。地殻はマントルよりも、密度がずっと小さいのです。

このように密度とは、ものが地下で上下どちらへ移動するかを決める重要な量です。地球内部の物質の動きは、密度が支配している、と言っても過言ではありません。ダイアピルはマントルよりも密度が小さいので、マントルの中を上昇できます。一方で、ダイアピルは地殻よりも密度が大きいので、地殻の底を突きやぶってまで上昇する浮力がはたらきません。その結果、地殻とマントルのちょうど境界で、ダイアピルは止まってしまうのです。

岩石を溶かす「二つの方法」

条件が変わると岩石が溶けるということを示した図5－5の融解曲線は、いろいろなことを教えてくれます。

岩石を溶かすには、二つの方法があります。温度を上げることと、圧力を下げることです。

「温度を上げる」ということは、物質を構成する原子の振動が激しくなることです。ここからは物理の話です。原子の振動が大きくなると、それまでは固体としてかたまっていたものが、勢いよく動きだします。動きのある状態に移ることが、固体から液体へ変化するということです。

一方で、「圧力を下げる」ということは、それまで押さえつけられていた状態にあるものが、開放されることです。まわりから圧力を受けて振動しにくかった原子が、再び動きだすことを意味します。いわば、圧力が下がることで、タガがはずれるのです。その結果、じっとかたまっていた固体が、流動性のある液体になります。

このように、物質が固体か液体かを決めているのは、温度と圧力なのです。

さて、図5－5の融解曲線（水なし条件）は、横軸と一二〇〇度の温度目盛りのあたりで交わっています。横軸の位置とは、深さでいえばゼロキロメートル、つまり地表をあらわしています。このことは、岩石が地表では一二〇〇度で溶ける、ということを意味しています。

では、岩石が地表から地下へ深くもぐっていった場合には、どうなるでしょうか？　融解曲線を、横軸との交点から下方へ追ってみます。融解曲線は右下に傾いています。このことは、深くなるにつれて、溶けはじめる温度が上がることを示しています。

つまり、圧力が加わると、溶ける温度（すなわち融点）が少しずつ高くなるのです。そのために、圧力の高い地下では、地表で溶けた温度（一二〇〇度）では溶けません。もっと高い温度になって、はじめて溶けるのです。

逆に、地下で圧力が加わった状況では、温度を高くしてやれば溶ける、ということになります。このようなことが、右肩下がりになっている融解曲線からは読みとれるのです。

「減圧」によるマグマが最も多い

図5－5を用いてもう一度、地下でマグマができる条件を考えてみましょう。岩石を溶かすためには、二つの方法があると先ほど述べました。一つ目の方法は、岩石に熱を加えることです。

たとえば、地下一〇〇キロメートルくらいのA点にある岩石を考えてみます。A点は、地中の温度を示す地温曲線の上に乗っています。このA点を右向きにスライドさせると、P点で融解曲線にぶつかります。すなわち、ここで岩石は溶けはじめます。

A点からP点への移動とは、圧力を変えずに温度を上昇させたことを意味します。つまり、地下深いところでも、岩石を高い温度まで熱してやると、溶けるのです。

実際の地球では、下から熱いものが上がってきた場合に、この現象が起きています。たとえば、下からやってくるダイアピルによって、地殻の下部が溶かされるというのが、この例です（図5－6参照）。

もう一つの方法は、いささか奇妙です。岩石にかかっている圧力を減らしてやるのです。図5－5でA点にあった岩石が上へ動くと、Q点で融解曲線にぶつかります。このQ点でも、さきほどP点でやったのと同じように、岩石が部分的に溶けはじめるのです。

座標を上向きに動かすとは、圧力を下げることです。つまり、A点からQ点への移動は、温度を変えずに浅くなったことを意味します。こうして岩石は浅いところへ移動しても、同じように溶けだすのです。

実際には、地下深くにあった岩石が、地表へ向かって上昇する場合を考えればよいでしょう。たとえば、先に述べた海嶺やホットスポットにおいて、マントルの中をダイアピルがゆっくり上昇するときがそうです。浅くなるにつれて圧力が下がって（すなわち減圧して）岩石が溶け、部

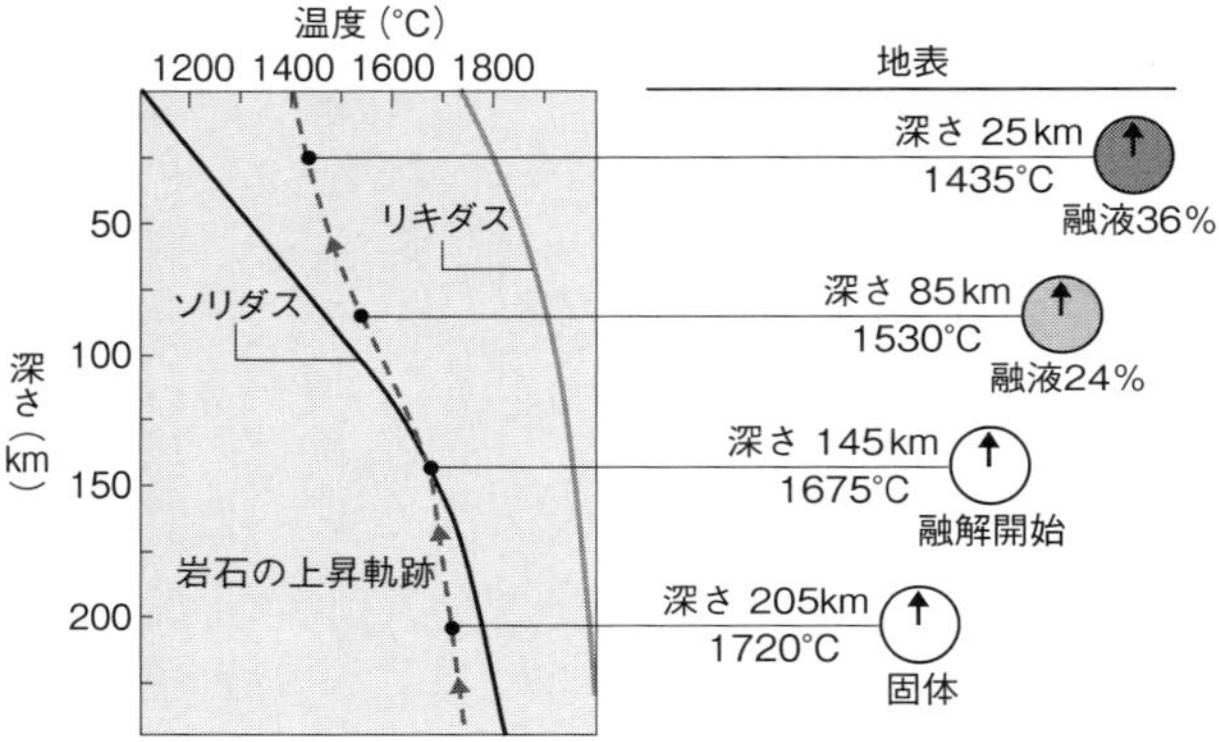

図5－7　地下深部の岩石の融解条件
ソリダス：液体０％の融解条件　リキダス：液体100％の融解条件
地下深部を上昇する岩石の軌跡は、融解曲線（ソリダス）とぶつかると部分的に溶けはじめる。さらに上昇すると、液体マグマの割合が増えていく（井田喜明氏の図を一部改変）

分溶融が起きるのです。

さきほど、部分溶融とは水が入ったときに岩石が溶けること、と説明しましたが、水が加わったときだけでなく、温度を上げても圧力を下げても、部分溶融が起きるのです。むしろ地球上では、減圧によるマグマの生産量が最も多いのです。

このことを、同じく温度・圧力の図を使って説明してみましょう。図５－７はマントル内部の対流によってマントルができるしくみを示したものです。対流に乗って深部の岩石が上昇すると、圧力が下がります。図では、減圧による部分融解によって液体のマグマが何パーセントできるかを示しています。

濃い実線（ソリダス）は、岩石が溶けは

じめる条件を表しています。また、右にある淡い実線（リキダス）は、岩石のすべてが溶けてしまう条件です。そして、点線はマントルの岩石が地下深部をダイアピルとしてゆっくり上昇する軌跡を示しています。

たとえば、深さ二〇五キロメートルで固体であった岩石は、深さ一四五キロメートルまで上昇すると溶けはじめます。その後、液体マグマの量が増加し、深さ八五キロメートルでは二割強が部分融解します。

地球上の海嶺とホットスポットでは、こうしたしくみによってマントル物質の三割くらいのマグマが産出されます。このマグマが地上に噴出すると玄武岩になります。

こうした一連の現象は、天然の岩石を用いた溶融実験によって明らかにされたものです。

噴火の三つのモデル

さて、こうして生まれたマグマが、あるきっかけで地上に出て噴火します。そのきっかけはひとつではありません。そこでは図5-8のような三つのモデルが考えられます。

一つ目は、マグマを絞り出すモデルです（図5-8ⓐ）。いわばマヨネーズのチューブのようにマグマだまりを押して、中身を絞り出す方法です。実際には、マグマだまりの周辺の岩石に圧力が加わって液体のマグマが上昇をはじめ、圧力が一定以上になったとき、冷えたマグマでふさ

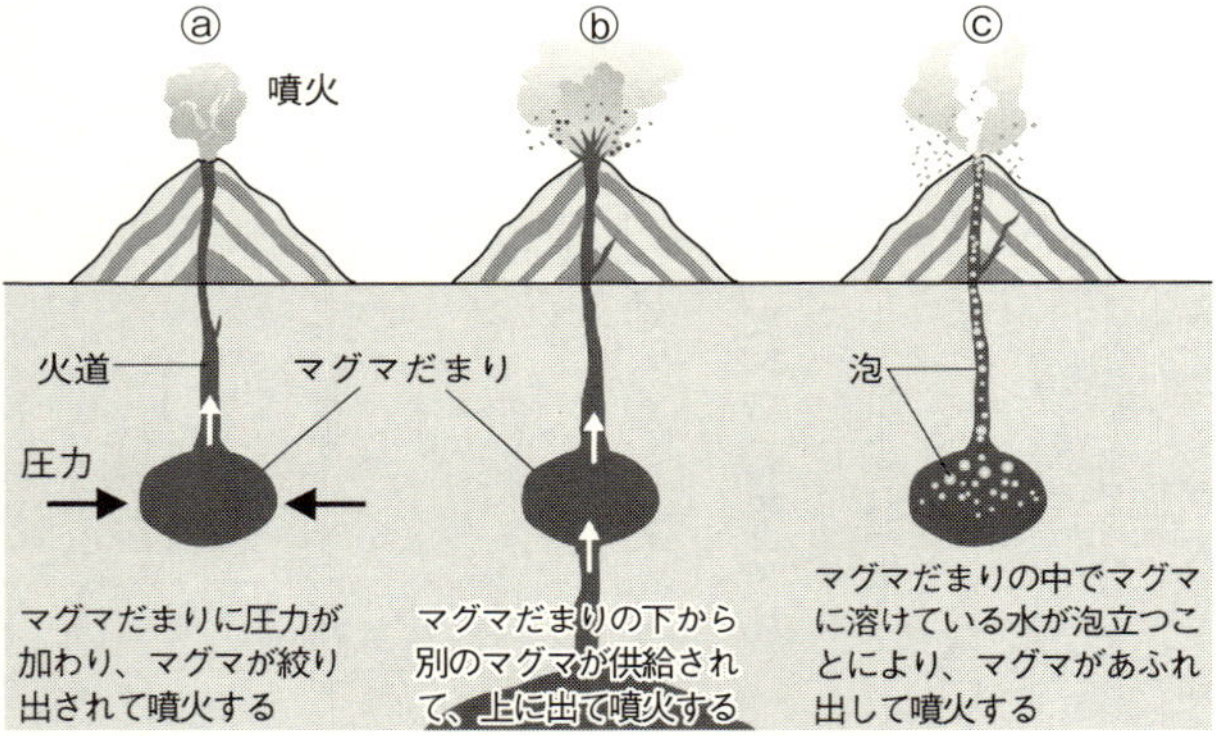

図5－8　マグマだまりからマグマが上昇して噴火を起こすメカニズム
（筆者作成）

がっていた古い火道をこじ開けて噴火するのです。

二つ目は、新しく供給されるマグマによって、マグマだまりの中のマグマが押し出されるモデルです（図5－8ⓑ）。いわば、ところてんのような感じでしょうか。

なお、マグマだまりの底にはもう一本、管のようなマグマ供給路があります。マグマだまり上部の火道と同じように、この供給管から何十万年にもわたってマグマが徐々に注入されていきます。そして、マグマだまり内部の圧力の限界を超えたときに、マグマが上に押しやられて噴火が起こります。

三つ目は、マグマが泡立つことで軽くなり上昇するモデルです（図5－8ⓒ）。マグマには、水（水蒸気）や二酸化炭素などのガスが溶け込んでいます。これらが気体の泡となってマグマの中に生じると、マグマ自体の密度が小さくなります。その結果、マグマは上方に移動します。さらに、マグマだまりに新しく熱いマグマが加わったり、地震で揺さぶられたり、マグマの中で岩石の結晶が増えたりすることで、マグマが泡立ち、体積が増えます。これによってマグマだまり内部の圧力が上昇して、噴火するのです。

なお、マグマの中には、シリカ（二酸化ケイ素）という物質が入っています。このシリカは、マグマに粘《ねば》りけ（粘性といいます）をもたせる成分です。シリカが多ければ、マグマはドロリとした粘性の大きいものになり、ねっとりと流れます。弱ければ、サラッとした粘性の小さいものになり、さらさらと流れます。前者の代表は流紋岩（デイサイト）で、後者の代表が玄武岩です。その中間に、安山岩があります（第5章の図5－6参照）。

また、マグマにはマグネシウムや鉄といった金属元素も含まれています。マグネシウムと鉄は、シリカが粘りけをつくるのを邪魔するように働くので、この二つの元素が多く含まれると、マグマの粘性は小さくなります。つまり、これらは玄武岩に最も多く含まれています。

こうした化学組成のちがいは、地上での噴火の様子にも影響を与えます。一般に、粘性の大きいマグマのほうが、激しく噴き出す「爆発的な噴火」になります。その反対に、粘性の小さいマグマでは、溶岩をトロトロと流し出すだけの「穏やかな噴火」となります。

このようにマグマ成分の違いから生み出される噴火の多様性も、地学が明らかにした興味深い現象です。

コラム⑤
最近の地学で最も目ざましい研究成果は何ですか？

地学の重要な仕事に「物差しをつくる」という作業があります。たとえば距離や重さを測るには、巻き尺や体重計が必要です。計測器にはメートルやキログラムといった世界共通の目盛りがついています。地学でも、その物差しを使えばすべての現象が記述できるという「方法論」の発見が重要なのです。

地球の年齢は四六億年という途方もなく長い時間であることがわかっています。そのため、放射性元素を使った年代測定という精密科学の手法が使われます。また、第4章で紹介した松山基範教授は、地球の歴史を表すために古地磁気の物差しをつくりました。

時間を計るのは時計であり、われわれの身近な生活では年・月・日や時・分・秒という単位が用いられていますが、地球が刻んだ時間を決めるのは、地質学の仕事です。そこでは一〇年や一〇〇年ではなく、何千年あるいは何万年という時間を正確に測定しなければなりません。こうした時間軸を入れる研究は、実は日本のお家芸でもあるのです。

最近では、地層を一枚ずつ測って、一年単位の「時計」を入れるという画

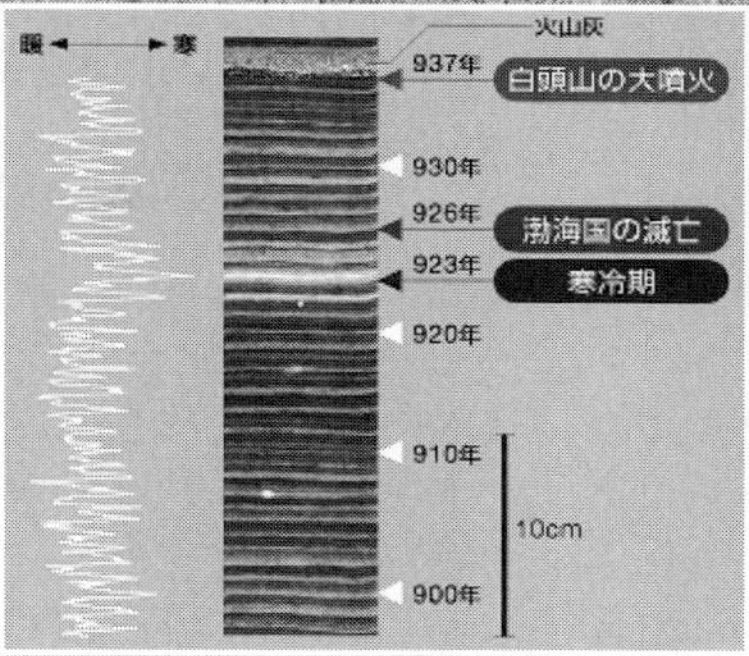

水月湖の年縞には中国と北朝鮮にまたがる白頭山（→第9章）からの火山灰降下も記録されている（JT生命誌研究館『生命誌ジャーナル』2004年夏号の安田喜憲氏執筆記事より）

期的な仕事が、日本から世界へ発信されました。環境考古学者の安田喜憲教授が率いる研究グループによって、福井県の若狭湾岸の一角にある水月《すいげつ》湖《こ》が、過去五万年の時を刻む「世界の標準時計」となったのです。

静かな湖の底では、細かい堆積物が毎年わずかずつ溜まっています。これが規則正しい土の縞模様をつくって一年ごとに成長するので、「年縞《ねんこう》」と呼ばれています。この年縞に含まれる花粉や火山灰などを分析することで、過去の気候と環境を知ることができます。水月湖の底には、何と一ミリメートルという薄さの地層が七五メートルの深さまで、何万枚も埋まっていたのです。いわば地球の「タイムテーブル」のようなものです。

安田教授はこの水月湖を基盤まで掘削し、地層

最近の地学で最も目ざましい研究成果は何ですか？

を精密に解読して一年ごとの「時計」を確立することを最初に思い立ち、プロジェクトを立ち上げて実行しました。科学では最初に誰が発案したかというプライオリティ（先取権）が大事で、最も評価の対象となります。しかし、それは困難きわまりない研究で、世界の標準時計になるまでには艱難辛《かんなんしん》苦の連続でした。

二〇年余に及ぶ試行錯誤の結果、地道な研究成果がついにスポットライトを浴びます。二〇一二年、科学者なら一度は名前を載せたいと願う『サイエンス』誌が、わざわざワシントンから代表者を日本に送り込み、水月湖の研究を全世界に向けて紹介したのです。

サイエンスに国境はありません。「地球」という時間と空間を共有する地学でも、すべての研究は人類の共通財産となります。そして世界で評価される研究成果が、長年にわたる根気強い努力から誕生することも、まぎれもない事実なのです。

第6章

もうひとつの革命

——対流していたマントル

イエローストーン国立公園（アメリカ）の熱水がつくる棚田状の池。マグマが上昇するホットスポットがつくる造形美（鎌田浩毅撮影）

地学に関する最近五〇年間の最大の知見は、地球の表面はたえず動くプレートによって更新されている、ということでした。この見方を持ち込むことで、地震や火山など複雑な現象をシンプルに解釈することが可能となりました。地球上のさまざまな地殻変動を統一的に説明する地球変動学、すなわちプレート・テクトニクス理論の誕生です。

これによって地球についての見方は「硬くて動かない塊」から、「軟らかくて流動性のある物質」へと大きく変化しました。硬い岩板のプレートが、その直下にある軟らかい層に乗ってすべるように動くため、長い時間をかけると巨大な大陸さえ移動するのです。

プレートの下には軟らかいマントルがある

この理論では、プレートの下には軟らかい層が存在するというのがミソです。ここに、「流れる固体」のもつ不思議な性質がありました。

いま、地球を卵にたとえてみましょう。地球は地殻とマントルと核の三つで構成されます（図6－1）。地殻とは地表に近い薄い皮状の部分で、卵の殻に相当します。地殻の下にはマントルと核があり、卵でいうとマントルは白身、核は黄身です。

前章では、プレートは地殻そのものであるかのように述べてきました。しかし、ここからは話を少し厳密に進めてゆきます。実はプレートとは、マントルの最上部と地殻からなる部分です。

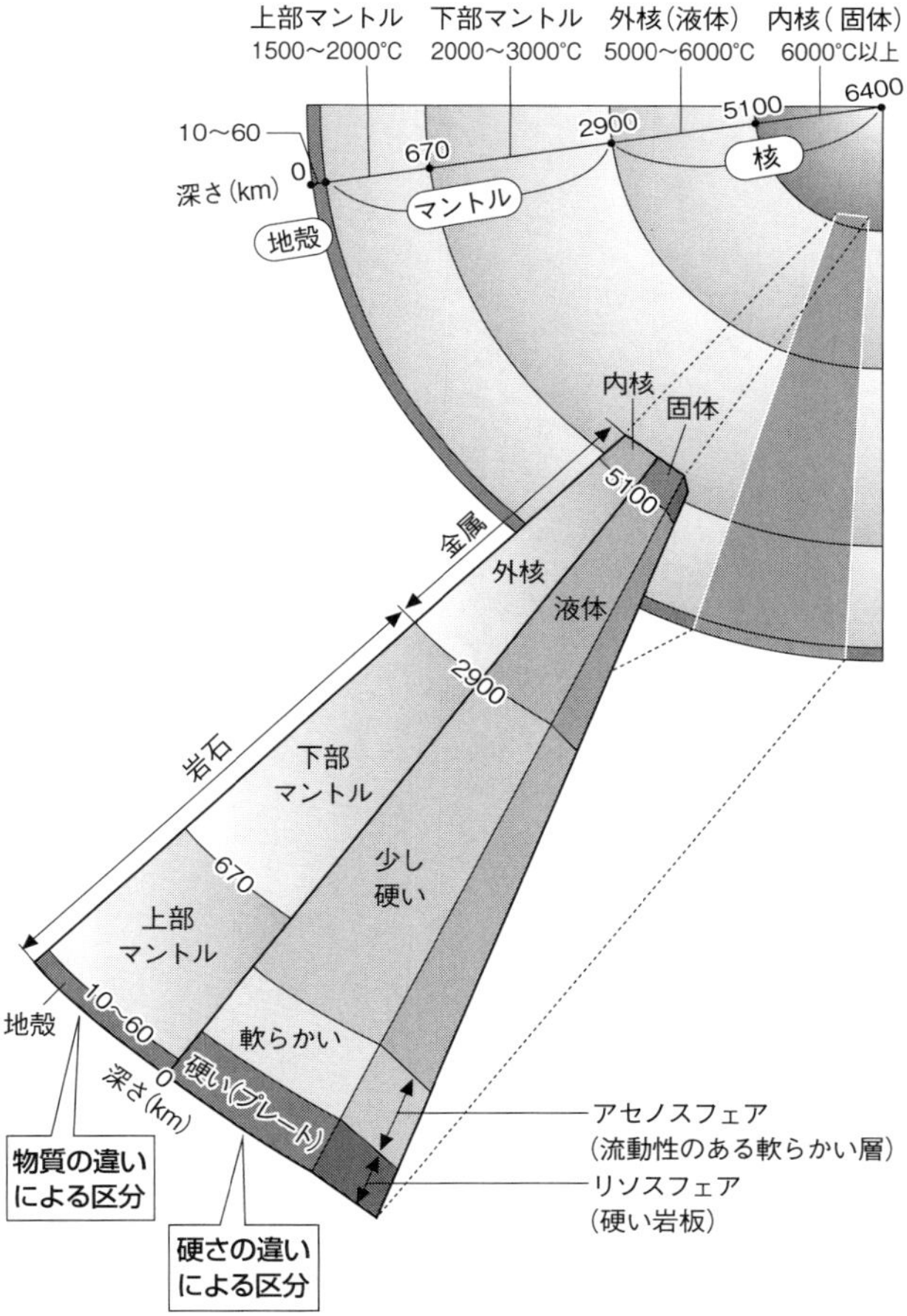

図6－1　地球の断面図（筆者作成）

注意していただきたいのは、プレートは地殻そのものではない、という点です。つまり、プレートとは、マントルの最も表層にある部分と地殻が合わさって構成されるのです。

マントルの最上部は、硬い岩石からなっています。また、地殻は卵の殻ですから、やはり硬いイメージでよいでしょう。

すなわち、マントル最上部にある硬い部分と地殻がくっついて、一枚のプレートとして水平移動するのです。たとえば、ゆで卵の殻をむくとき、殻といっしょに白身の一部がむけてしまうことがよくあります。そのように、マントルの最上部が地殻にくっついて、いっしょになって一枚の岩板として動くと考えるとよいでしょう。

ところが、硬いプレートの下には、軟らかい部分が存在します。これは、半熟卵の白身がぶよぶよしている感じと似ています。同じマントルといっても、プレートのすぐ下は軟らかくなっているのです。この領域のマントルは、ゆっくりと動くことができる部分でもあります。

マグマほどではありませんが、マントルにも軟らかくて流れる性質があるのです。その軟らかくなったマントルの上を、硬いプレートがゆっくりとすべっていくのです。

固体も「流れる」

硬い岩石と軟らかい岩石について、さらに説明しておきましょう。長い時間がたつと、硬い岩石も液体のようにゆっくりと流れることがあります。

キャラメルを思いだしてください。暑い夏のさなか、机の上に置きっぱなしにしたキャラメルが、グニャリと溶けているのを見たことがあるでしょう。このキャラメルも、冷蔵庫に入れておいたら、形がくずれることはありません。つまり、温度を上げると、固体のようなキャラメルにも液体の性質が出てくるのです。

さて、真夏でなくてもキャラメルが溶けることがあります。食器棚の中に何ヵ月も放っておいたキャラメルは、皿の上で少し流れはじめます。すなわち、温度を上げるのではなく、時間を長くかけた場合にも、固体に液体の性質が出てくるのです。

ここでのポイントは、「ものすごく長い時間がたてば、固体も流れる」という点です。地球の経てきた何億年という長さで考えると、ふだん起こりそうもないことが起きるのです。あとで述べるようにマントルの中では岩石が「対流」しているのですが、それがこの場合です。

ここで、新しい言葉を二つ用いてみましょう。これらは、地学の本質を表す言葉です。

地殻とマントルの最上部は、合わせて「リソスフェア」と呼ばれます。リソスフェアとは、「硬い岩板からできている層」という意味です。プレートとほぼ同じものと考えてもよいでしょう。正確には、リソスフェアが一〇枚ほどに分割されたものが、プレートです。なお、プレートにはそれぞれ地域の名前をつけて、「太平洋プレート」などの固有名詞で呼んでいます（第4章の図4－6参照）。

リソスフェアの下にある軟らかい領域は、「アセノスフェア」と呼ばれます。アセノスフェアとは、「流動性のある軟らかい層」という意味です。名前は無理に覚えなくてもよいので、まずイメージをつかんでください。

アセノスフェアは、マントルだけからなっています。リソスフェアの下で動くことのできる部分が、アセノスフェアなのです。アセノスフェアは、リソスフェアを上に乗せて、ゆっくりと対流しています。

なお、マントルは上と下とで呼び名が変わっていることにも注意してください。上のほうの硬い部分がリソスフェアの一部、その下の軟らかい部分はアセノスフェアと、同じマントルの物質でも、呼び名がちがえば硬さもちがうのです。

地球の長い歴史の中では、マントルの上部にあり冷えて硬くなった部分が、リソスフェアになったと考えられています。その下のまだ硬くなっていない部分が、アセノスフェアとして残っているのです。同じマントルなのに両者の動きがまったくちがうところが、大事なポイントです。

新しい視点と新しい用語

実は、「硬いリソスフェア」と「軟らかいアセノスフェア」という言葉の登場は、地球の見方が変わる転換点となりました。

そもそも、地殻とマントルとは、物質が異なるので名づけられた名前です。それに対して、リソスフェアとアセノスフェアは、「動くか」「動かないか」で名づけられたものです。繰り返しますが両者の境は、硬さの違いをあらわしています（図6－1参照）。二つの用語を新たに導入することで、地球のとらえ方がガラッと変わったのです。

プレート・テクトニクスがあらわれる前は、物質の違いだけで地球を見ていました。これでは、いわば止まった地球だけを見ていたことになるでしょう。しかし、プレート・テクトニクスの出現によって、「軟らかい岩石の上を硬い岩石がすべる」という考え方が登場しました。

つまり、リソスフェアとアセノスフェアの区分により初めて、地球を動きのあるものとしてとらえられるようになったのです。それはまさに、「地球の見方」の革新でした。

地学をおもしろく学ぶためのポイントに、「複眼思考でとらえる」という方法があります。「動く」と「動かない」という異なる視点を、同時に用いるのです。いま話を進めている固体地球の部分は、「動かない」という視座で考えるのが普通ですが、海や大気などの流体地球では当たり前の「動く」という見方を持ち込むのです。

さて、前章では、地球上の火山は、中央海嶺・沈み込み帯・ホットスポットの三つで生じると説明しました。中央海嶺と沈み込み帯にある火山は、プレートをベルトコンベアのように使いながら熱を放出しています。これに対して、ホットスポットは、プレートを貫通して、直接に熱を出しています。いずれも、地球内部の熱を効率よく表面まで移動させるしくみです。

しかしここで、いくつかの素朴な疑問が出てきます。なぜ中央海嶺では、つねに熱い物質が上がってくるのでしょうか？　中央海嶺のずっと下は、どのようになっているのでしょうか？　沈み込み帯についても、同じように疑問が生じます。沈んでいったプレートは、沈み込み帯の下ではどうなってしまうのでしょうか？　プレートがどんどん沈み込んでいったら、地球の中はプレートの残骸であふれてしまうのではないでしょうか？

近年の研究によって、プレート運動は約四〇億年前という太古に始まっていたことが判明しました。地球上で何十億年もプレートが水平移動するには、プレートがたえず誕生しつづけなければなりません。たとえば、日本列島の下に沈み込んだプレートが、何らかの形でまた地表に戻ってこなければ、プレート運動は長期にわたって存続できないでしょう。

これらは、地表でプレート運動が続くかぎり、当然起きてくる問題です。地上の火山を説明する上では、プレートが動くという図式で十分でした。プレートの運動によって、効率よく熱を地球の外へ逃がすことができました。

しかし、プレート・テクトニクス理論は、プレートの下のことについては、あまり考えていなかったのです。プレート運動を長く続けるためには、何らかの別のしくみを考えてやらなければなりません。

この問題は長らく地球科学者の頭を悩ましてきました。しかし、二〇世紀も終わりに近づくにつれ、これらを解決する考え方が生まれました。地球内部を伝わる地震の波をくわしく調べることで、地球内部の動きが見えてきたのです。具体的にプレートがどう挙動しているかを見てみましょう。

地震の波でプレートが見える

プレートの動きは、地下の観測によって「目で見る」ことができます。地球の中でたえず発生している地震を使う方法です。地震は大きな被害をもたらしますが、地球の中身を見るときにはとても強力な手段となります。ちょうど医師が聴診器で人体を診察するように、私たちは地震を用いて地球の内部を知ることができます。地震は波となって岩石の中を伝播します。そしてこの波には、ある特有の性質があるのです。

この波は、硬い岩石の中を通るときには速く伝わり、軟らかい岩石を通過するときには遅く伝わります。たとえて言うと、硬い岩石の中にはものがぎっしりと詰まっているので、波がより速く伝わるのです。この性質を利用すると、地下の岩石が硬いか軟らかいかを知ることができるわけです。

地球の内部では、たえず地震が起きています。地震の波は、地球の中を駆けめぐっています。世界中からやってくる地震の波を観測すると、場所によって通ってきた波の速さがちがうことがわかります。軟らかいところを通った波は、硬いところを通った波と比べると、速さが遅くなっています。

また、大きな地震の場合には、地震の波は地球の裏側にまで伝わります。このような広い範囲に伝わる地震の波を用いて、地球の中の岩石の硬さが調べられているのです。このような手法を「地震波トモグラフィー」と呼びます。

地震波トモグラフィーは、医師が体内を輪切りにして映しだす断層撮影の技術（CTスキャン）と似ています。世界中で起きている多数の地震を同時に観測することによって得られたデータが使われます。コンピュータを用いて大量の地震データを解析した結果、見えてきたのが、マントルが「対流」する姿でした。

では、沈み込んだプレートはどうなったのでしょうか。実は、プレートは下部マントルの中にまではなかなか沈み込んでゆかないのです。上部マントルと下部マントルの境界では、密度に大きな差があります。下部マントルのほうが、密度が大きいのです。沈み込んだプレートの密度は、上部マントルより少し大きく、下部マントルより小さい程度です。

このためプレートは、すぐには下部マントルの中にもぐってゆけません。その結果、上部マン

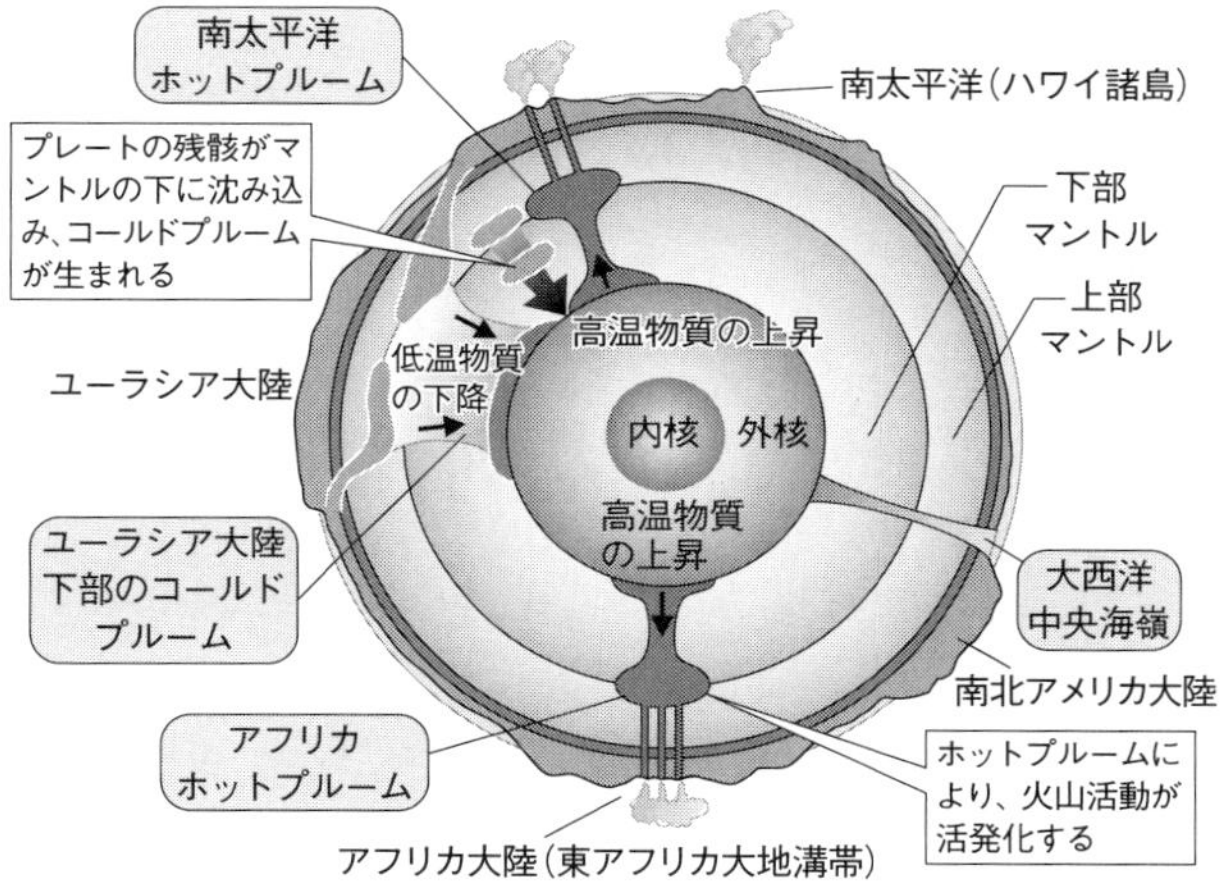

図6－2　地球内部を物質が大循環する「プルーム・テクトニクス」の概念
ホットプルームとコールドプルームが対となって運動する（筆者作成）

トルと下部マントルの境界に物質が溜まっていったのです。これは「プレートの残骸」といってもよいでしょう。

具体的には深さ六七〇キロメートルまで沈み込むと、プレートはいったん沈み込みを停止します。ここに上部マントルと下部マントルの境界があり、岩石の化学成分や結晶構造が変わるからです。

ちなみに、硬くて密度の大きい岩石からなるマントルが、何百万年という非常に長い時間には前述したとおり液体のように流動することは、地上に残された過去のマントル由来の岩石からも確かめられています。

さて、上部マントルと下部マントルの境界にまで沈み込むと、一枚の厚い岩板からなるプレートは次第に変化してゆきます。その後、プレートは深さ六七〇キロメートル付近にどんどん溜まってゆき、大きな塊となって成長します。大量の残骸が溜まることから、これは「プレートの墓場」とも呼ばれています。

実際に、太平洋の西では、プレートが塊となって、上部マントルと下部マントルの境でただよっているのが観測されています（図6－2）。これが太平洋プレートのなれの果ての姿なのです。

コールドプルームとホットプルーム

しばらくの間、上部マントルと下部マントルの境界に停滞していたプレートの残骸は、ある量以上に増えると、下へ落ちはじめます。たとえば、日本列島のようにプレートが沈み込む大陸のへりでは、物質が断続的に下部マントルへ下降する現象が観察されます。

プレートの残骸は長い時間ただよっているうちに、鉱物自体が変化しています。下部マントルよりも密度がやや大きい物質になっていくのです。その結果、下部マントルの中への下降を始めると考えられています。ここでは直径一〇〇〇キロメートルに及ぶ大量の物質が、何千万年もかけてゆっくりと沈むのです。

最後に、プレートの残骸は下部マントルの底に達すると、核の表面でゆっくりと停止します。そこは深度二九〇〇キロメートルという、マントルの最深部でもあります。マントルの下にある核は、金属でできています。核はプレートの残骸よりも密度がはるかに高いので、核の中までは入り込めません。

なお、プレートの残骸が下降する理由には、別の説明もあります。ただよっている塊が増えていくと、重力的に不安定になります。このような不安定になった塊は、長い時間がたつとしだいに動きはじめる、という現象が知られています。いずれにせよ、プレートが下部マントルに沈み込めず、無限にたまってゆくということはないと考えられています。

下部マントルの中をゆっくりと降下するプレートの残骸は、「下降流」と呼ばれます。下降流は冷たくて重い巨大な塊なので、「コールドプルーム」とも呼ばれます（図6-2参照）。ちなみに「プルーム」（plume）とは英語で「もくもくと上がる煙」という意味です。

コールドプルームは、きのこ雲の上昇を上下逆にした様子を想像してください。マントル物質からなる巨大な塊が、地中をゆっくりと下向きに移動するのです。似たようなイメージの用語として、第5章でダイアピルを紹介しましたが、プルームのほうが一〇〇倍以上も大きなものです。

さて、コールドプルームという巨大な下降流が核の表面に達すると、その反作用として、核の表面から巨大なプルームが上がりはじめます。核は地球の内部でも最も温度の高い場所にあり、その中心（内核）は六〇〇〇度以上、また表面（外核）でも五〇〇〇度近くもあります（図6-1参照）。

コールドプルームの下降にあおられるように、熱いプルームが、マントルの中を上がりはじめます。反作用として上昇するプルームは、核から熱をもらって高温になるので「ホットプルーム」と呼ばれます。直径が一〇〇〇キロメートルにもおよぶ、巨大な高温上昇流の誕生です。

実際に、ホットプルームが見える場所があります。南太平洋にうかぶ火山島タヒチです。この島の下には、地震波の速さが周囲よりも遅い場所があります。それは、軽くて熱い巨大な塊が、ゆっくりと上昇しているからです。

ちなみにタヒチ島では、ホットプルームが存在する物質的な証拠もあげられています。ここで噴火した溶岩には、マントルと核の境界付近から上がってきた化学成分が含まれているのです。したがってホットプルームが湧き上がる起源は、深さ二九〇〇キロメートルもの深部にまでたどることができるわけです。

また、上昇する塊の大きさからも、プルームはマントルの下部から上がってきたと考えられています。すなわちプルームには、プレート運動に関わるマントルの上部だけではなく、マントル全体の動きが関係しているのです。

こうした考え方は「プルーム・テクトニクス」と呼ばれます。プレート・テクトニクスのプレートをプルームに置き換えた地学用語ですが、テクトニクス（変動学）の意味は変わりません。温度と密度の異なる二つのプルームが、地下深部で下降と上昇を繰り返しながら、循環しているのです。そのポイントは、対流しながら上下方向に大量の物質が移動するという点です。

プルーム・テクトニクスの成立

プルーム・テクトニクスは、二〇世紀終盤に膨大な量の地学データが集積してはじめて誕生しました。この概念は、それまで地球表面の動きだけしか見ていなかった地学を大きく変えることになりました。

地球の歴史をつぶさに振り返ると、コールドプルームは数億年に一回くらいの割合でマントルの中を下降します。一億年以上もかけて上部マントルと下部マントルの境界に溜め込まれたあと、一気に落下するのです。

このコールドプルームの下降に対応して、ホットプルームは数億年おきにマントル内を上昇します。やがて深さ六七〇キロメートルにある境界を突き抜けて、地表まで到達します。地上にプルームが出てくるまでは何千万年間という長時間の話です。

さらに近年、海洋プレートをつくっていた物質がコールドプルームによって核まで運ばれ、ホットプルームによって核付近にある軽い元素が上へもたらされることが判明しました。

プレート・テクトニクスの水平運動のみならず、垂直運動に着目したプルーム・テクトニクスによって、地球を総体的に把握することが可能になったのです。

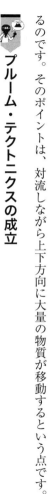

ちなみに、半径六四〇〇キロメートルの地球内部で、マントルは体積の八割を占めます。したがって、地球全体の動きを知るためには、マントルの挙動がたいへん重要です。しかしプレート・テクトニクスでは、数百キロメートルより浅い場所で起きる現象を統一的に説明することに主眼が置かれていました。

これに対して、プルーム・テクトニクスは、深さ二九〇〇キロメートルまでのマントル内部で、物質がどう循環するかを明らかにしようとしたものです。マントル全体に研究の関心を移したことで、地球のダイナミックな姿が浮かび上がってきたのです。

さて、次にプルームの挙動をコンピュータを用いてシミュレーションする実験を紹介しましょう。プルームの動きを考える際には、お椀の中のみそ汁が冷めるプロセスが参考になります。

お椀に注がれたみそ汁は、表面から冷えてゆきます。冷たくなった部分が下へ沈み、底にある熱いみそ汁が上へ押し上げられます。それが表面で冷やされると、ふたたび下へ落ちます。表面から始まった冷却は、対流を生みだしながら、みそ汁全体を冷やしてゆくのです。

これと似たような現象が、プルームでも考えられます。プルームの動きがコンピュータ上で可視化できるようになり、プレートの残骸が下へ沈んでゆく様子が再現されています。

これを見ると、下部マントルの中をコールドプルームが下降すると、反対に熱い物質が上昇してきます。コールドプルームにあおられて、ホットプルームが湧き上がったように見えるのです。

シミュレーションでは、下がるプルームと上がるプルームは、「対」になって発生します。すなわち、ホットプルームは、コールドプルームの反転流として「誘発」されるのです。

このような結果から、プルーム運動の開始条件が想像されています。プレート・テクトニクスは約四〇億年前から起きていました。そのころから海洋プレートの沈み込み現象が確認でき、プレート・テクトニクスは地球史の初期から機能していたと考えられています。

そして、最初に沈み込んだプレートの残骸が、最初のコールドプルームを引き起こしたのです。このコールドプルームがマントルと核の境界に達した直後から、ホットプルームが発生します。その結果として、マントルの大循環がはじまったのです。

このように「対」になったコールドプルームとホットプルームがマントル内部の大循環を継続させ、ひいては四〇億年の長期間にわたってプレート・テクトニクスをも存続させてきたと考えられています。

核内部の大循環

地球内部をめぐる物質の大循環は、核の内部でも起きています。地球は地殻・マントル・核という三つの部分からできており、最深部の核は内核と外核に分かれています。内核と外核はいずれも鉄とニッケルなどの金属からなる、摂氏五〇〇〇度を超える非常に高温で高圧の領域です。

この外核で、液体の金属が対流していることを、地球物理学者が突きとめました。しかも、この対流は「地球の磁場」の原因であることもわかってきました。以下では、地磁気をめぐる物質の大循環について話を進めていきましょう。

実は、地球は巨大な磁石です。野外で使う磁気コンパス（方位磁石）のN印が北を指すことは、小学生にもなじみが深いでしょう。磁石を用いて南北を知りうるのは、地球に磁場があるからです。磁場が空間をあまねく貫いているため、磁石を用いて南北を知ることができるのです。

実際には、地球の北極の近くに磁石のS極、また南極の近くに磁石のN極があります。これらに引き合うようにコンパスのNが北を向き、またSが南を向くのです。これから述べるように地球には巨大な一本の棒磁石からなる巨大な磁場があります。第4章でも紹介した地磁気です。地磁気は地球という巨大な磁石から出る磁力線であり、南極から発して地球の周りを通って北極にもぐっています。その磁力の流れに促されるように方位磁石のN極は北を向きます。

地球に磁場が誕生したのは、いまから二七億年ほど前でした（第3章の図3－5参照）。これはアフリカや南米など非常に古い時代にできた大陸にある岩石を調べてわかったことです。では、こうした磁場がどうして生まれたのかを見ていきましょう。

外核はその上にあるマントルによって冷やされ、また下にある内核によって温められています。温度の差があるときに、対流によって物質が動きます。また、金属でできている外核には、

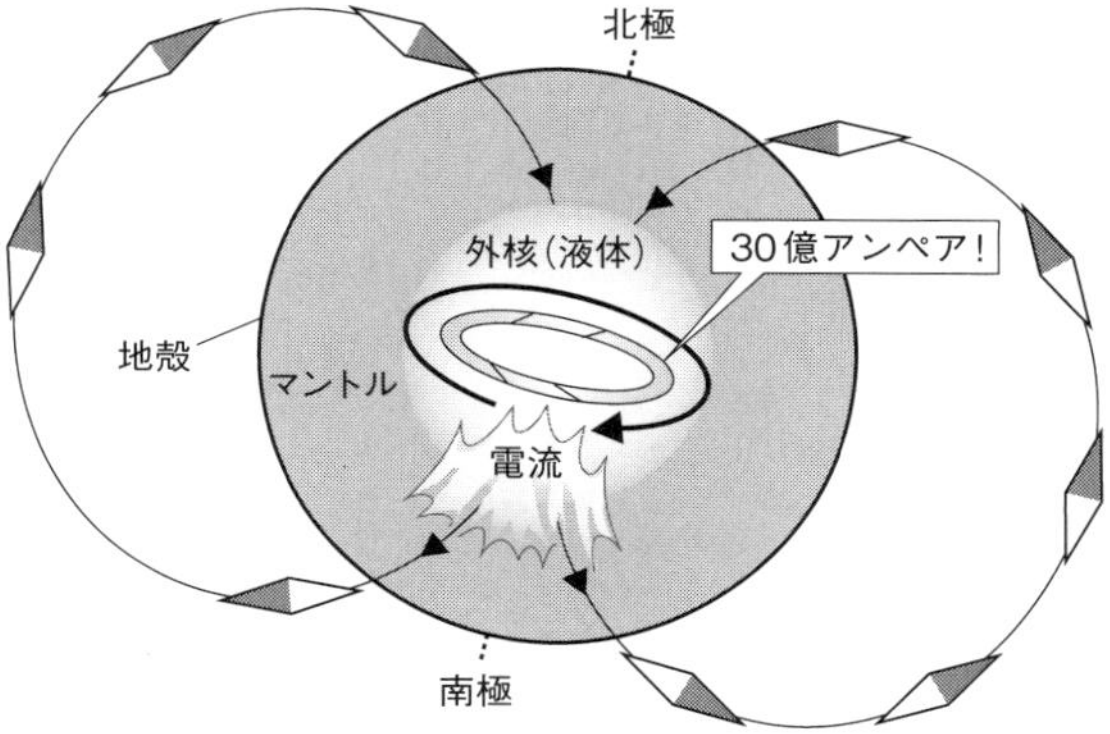

図6－3　ダイナモ（発電機）理論の概念
液体の外核が対流することによって地磁気が発生する
（桜庭中氏による図を一部改変）

電気を流しやすいという性質があります。一般に、物質の中で電気が流れると、磁場ができます。「アンペールの法則」と呼ばれる原理です。

コイルに電流を流すと電磁石ができますが、地球内部で液体金属である外核が対流すると、電子が移動するため電流が流れます。この電流によって、地球を一個の巨大な磁石とする磁場ができあがります。つまり、外核にある液体金属がゆっくりと対流することで地磁気が発生したのです。

これは「ダイナモ（発電機）理論」と呼ばれる説です。電流が流れると磁場が発生する電磁石の原理と同じです。外核の中で液体の金属が動くと、電流が流れはじめ、地球全体の磁場の源となるのです（図6－3）。具体的には三〇億アンペアの電流が流れると、地表の至るところで地磁気として観測されます。

たとえば、水力発電では高い場所から低い場所へ水が落ちることでエネルギーが発生します。水の位置エネルギーによって発電機を回しているように、地球も外核の対流によって発電機を回しているのです。

対流が生じるメカニズム

では、こうした外核の対流は、いつ、どのようにして始まったのでしょう。

前述したように、核を厚く覆うマントルは、深さ六七〇キロメートル付近で、下部マントルと上部マントルに分かれます。どちらもケイ素（シリコン）が主体の岩石ですが、上部マントルは下部マントルよりも密度の小さい物質です。

これらの密度が異なるマントルは、約二七億年前に巨大な対流を始めました。「マントルオーバーターン」と呼ばれる現象です（図6－4）。

沈み込み帯から供給されたプレートの残骸が、あるとき下部マントルの底部まで沈んでいきました。そしてコールドプルームとホットプルームが発生したことによって、マントル全体を巻き込む巨大な対流が始まったのです。

この結果、外核内部でも液体金属が対流を開始し、地磁気が誕生したと考えられています。

二七億年前に起きたマントルオーバーターンにより、その後に起きた超大陸の形成や、大規模

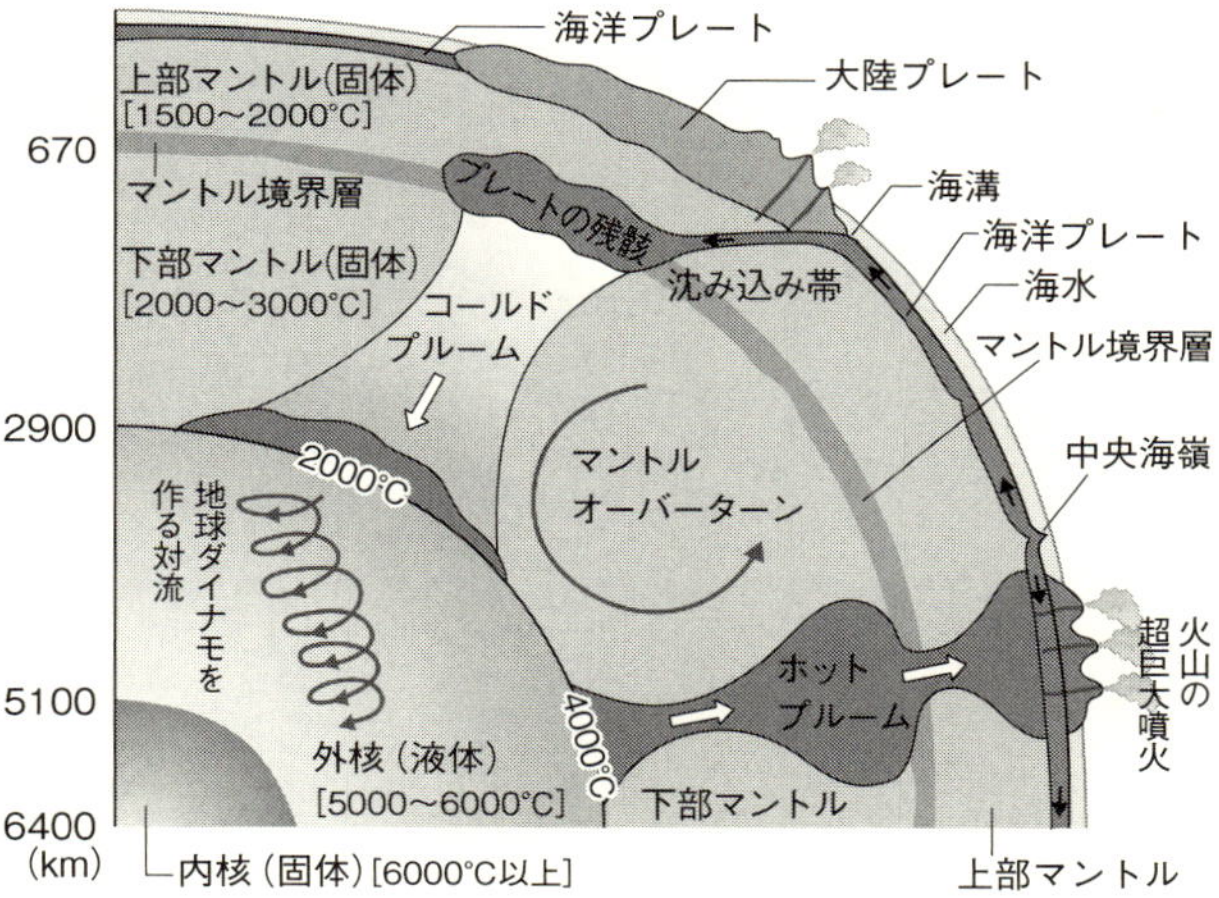

図6－4　マントルオーバーターンとプルームの活動
（丸山茂徳氏と磯﨑行雄氏による図を一部改変）

な火山活動も説明できるようになりました。

生命を守る地球の磁場

実は、磁場は地球上の生命にとっても、非常に重要なものです。地球を包み込んでいる巨大な磁場は「地球磁気圏」と呼ばれています。この地球磁気圏は、宇宙からたえず降りそそいでいる帯電した粒子（宇宙線）の侵入を防ぐ役割を担っているのです。これが地球上の生命には「磁気バリア」として不可欠な存在となっています。このことについて説明しましょう。

地球は真空状態の宇宙に浮かぶ星であり、宇宙空間から有害な宇宙線を浴びています。宇宙線とは、遠くの銀河や太陽から高速で地球に降りそそぐ「素粒子」です。地球の大気圏に侵入すると、大気に含まれる酸素や窒素の原子核と反応を起こします。

大気に入るまでの宇宙線は「一次宇宙線」と呼ばれ、大気中で変化し誕生した宇宙線は「二次宇宙線」と呼ばれます。最後に地上に降りそそぐ二次宇宙線には、ミューオンやニュートリノがあります。われわれは何も感じることがありませんが、地球上の物体を莫大な数の宇宙線が突き抜けているのです。

さて、地球に到達する宇宙線の最大の発生源は、地球の近くにある太陽です。太陽からは非常に高温で電離した粒子が地球に降りそそいでおり、「太陽風」と呼ばれています。太陽の表面は「コロナ」と呼ばれる摂氏一〇〇万度ものきわめて高温の大気で覆われています。

コロナはときどき爆発的に膨張し、陽子と電子の粒子からなる「プラズマ」が太陽の外へ飛び出て地球まで達します。これが太陽風の正体です。太陽から秒速数百キロメートルという高速で放出される粒子は、生物にきわめて有害で、直接浴びれば細胞が死んでしまいます。というのは、この宇宙線には細胞内のＤＮＡを破壊してしまう力があるからです。

ある時代まで、地球上には大量の太陽風が吹きつけており、生物は、陸上はおろか浅海でも生存できませんでした。こうした環境が、二七億年前の磁場の誕生で、劇的に変わったのです。生命を守る磁気バリアは、太陽からやってくる有害な放射線も遮《さえぎ》ります。すなわち、強い磁場が太陽風の進路を曲げるため、そのおかげで生物に有害なプラズマがほとんど地上に届かなくなったのです（図6－5）。

地磁気が影響力をもつ範囲を、「磁気圏」といいます。外部からプラズマがやってくると、磁気圏はそれに対して反発力を及ぼします。磁気圏の中を通っている磁力線の流れに沿ってプラズマを弾くのです。

太陽風は、太陽の磁場を引きずるような形で地球に向かってきます。ところが地球の磁場は、太陽に面している側（地球の昼に相当）で太陽風の進路を妨げます。その後、太陽風は地球磁場と釣り合うところまで磁場を圧縮し、地球を包み込むように後ろへ流

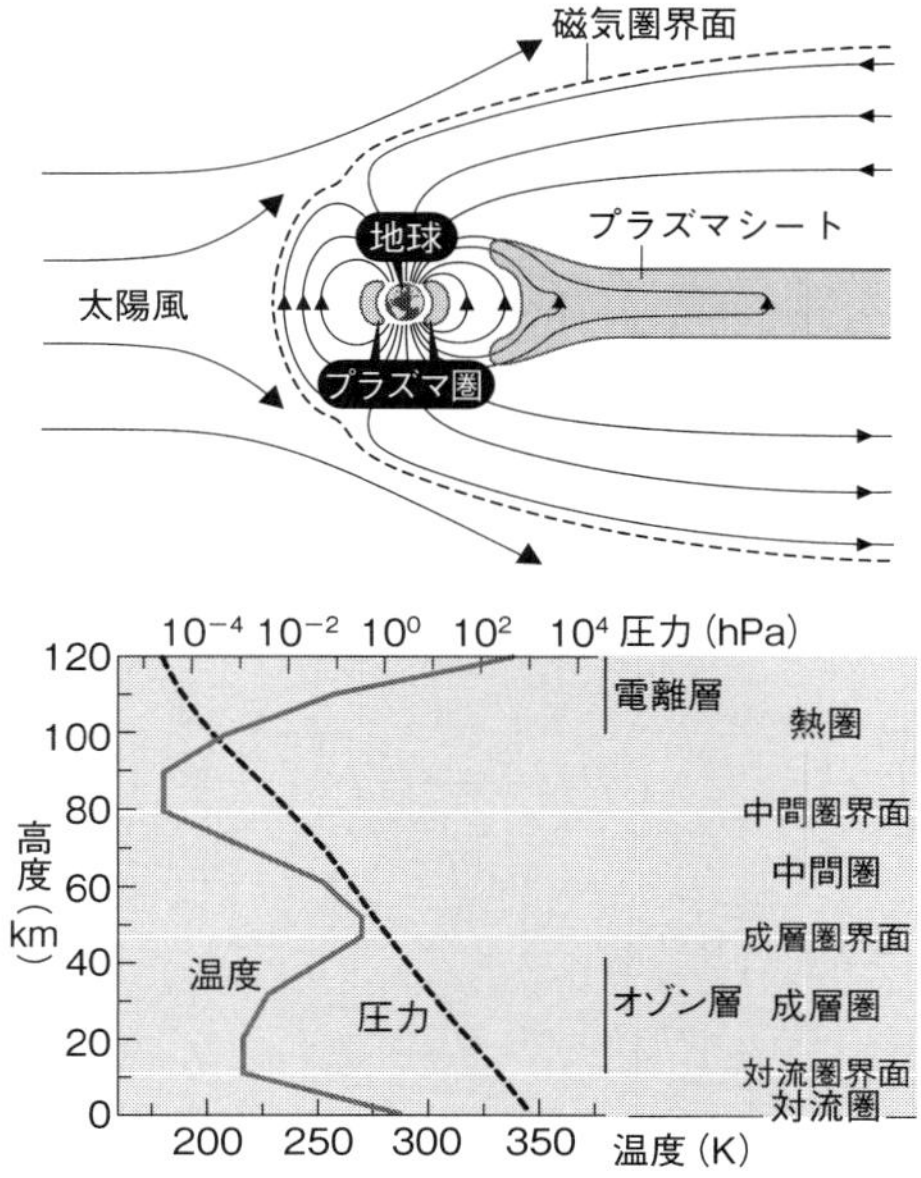

図6－5　太陽風をさえぎる磁気バリア
（井田喜明氏による図を一部改変）

れます。これに従って地球から発した磁力線が後方へ吹き流されるのです。

それはちょうど、宇宙空間を飛ぶ彗星《すいせい》が、長い尾を後ろに引く様子とよく似ています。この結果、太陽風の巨大な流れの中に地球磁気圏の空洞が生じて、この中に地球がすっぽりと包まれます。そのお陰で生物に有害なプラズマがほとんど地上に届かなくなっています。

こうして地球上の生物は、たえず大量に降りそそいでくる宇宙線や太陽風から守られてきました。現在の地球を取り巻いている磁気圏は、きわめて貴重な衝立《ついたて》の役割を果たしたのです。

生命と地球の「共進化」

このように、いまから四六億年前に地球が誕生してから磁気圏ができるまでの約二〇億年間は、地表には宇宙から大量の高エネルギー粒子が降りそそいでいました。これに加えて、太陽光に含まれる波長の短い「紫外線」なども、生物にはきわめて有害でした。そのため、この時期までの生命は、陸上はおろか浅海でも生きられず、深海にしか生存することができませんでした。

しかし、地球の磁場が誕生した二七億年ほど前から、磁気バリアが機能を開始しました（第3章の図3－5参照）。地上に到達する有害な素粒子が減り、生物が生存できる条件が確保されるようになったのです。

磁場の誕生で地球環境が劇的に変わり、二七億年前からシアノバクテリアが活発に増殖しはじめました。生物が暗い深海から、栄養分の豊富な浅海へと進出を始めたのです。すなわち生物の生存領域が劇的に拡大したことによって、有機物の生産量が一気に増加したのです。

こうした変化に加えて、さらに本質的な変化がこの時期にもたらされました。浅海で生育する生物が、太陽光を使ってエネルギーを得るシステムを獲得したのです。「光合成」という代謝システムの誕生です。

ここから酸素の放出が始まり、地球の環境を生物が改変するという大きな転換が起きることになります。結果として、磁気バリアの誕生は、大気中の酸素濃度を上昇させるというまったく別個の現象を生むきっかけとなったのです。

地球上の生命は、海やオゾンや磁場など何重もの貴重なバリアによって守られてきました。こうしたバリアは、いずれも地球深部の物理現象によって誕生したものですが、生物とも互いに影響し合いながら形成されてきました。よって、生物の生存環境を理解するには、同時に進行する地球システムも一緒に見なければなりません。大切なのは、地球を丸ごと把握する視点です。生命と地球は互いに「共進化」しているからです。

このように現代の生物学は、地学とも密接に結びついています。生物学を学ぶ際には一緒に地学を、また地学を学ぶ際には一緒に生物学を学習してほしい、と私は大学生や高校生にいつも語っています。

コラム⑥
地学研究において鎌田先生が最もこだわっているものは？

私は地学を研究することで、「地球の美しさ」を何とか解明したいと考えています。地球上の現象にはビジュアル的な美しさがあふれています。たとえばハワイ島のキラウエア火山から噴出する溶岩流の美しさは、比類のないものです。極地の夜空を染めるオーロラも、地学を代表するビジュアルでしょう。

こうした数ある「地学の美」のなかでも、私が長い歳月をかけてつくった一枚の地質図は、視覚的にもきわめて美しいものなので紹介しましょう。

地質図とは、地表の岩石や土を表現した色刷りの図面のことです。すなわち、地上に露出した岩石がいつの時代のもので、どういう順番で積もって地層となったのか、といった事実がカラーで表現され、一目で何十万年、何億年という時間を見つめることができる鮮やかな図面です。

また、地質図では地下の構造が読みとれるような工夫もされています。たとえば、断層や褶曲などが描き込まれていて、地層がどのような変形を受けてきたのかがわかるのです。さらに、地質図には必ず、地面を縦に輪切りにしたような断面図が添えられています。これらをうまく使うと、地下の構造

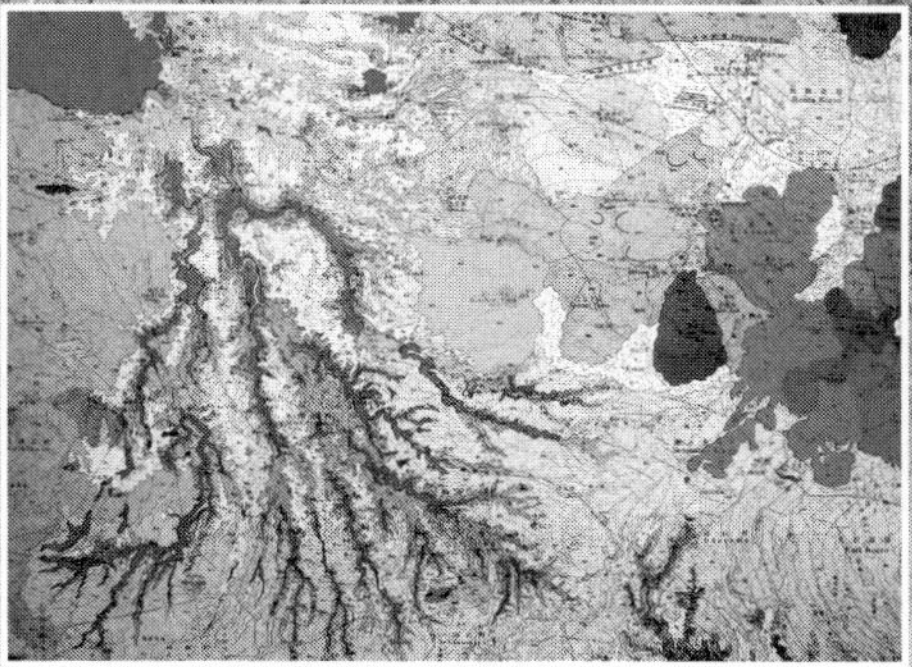

筆者が15年かけて完成させた熊本県と大分県にまたがる宮原地域の地質図『宮原図幅』

を立体的に頭の中に描くことができます。

地質図の作成は、国家的な事業として進められてきました。世界各国には「地質調査所」(Geological Survey)と名づけられた機関があり、継続的に地質調査と地質図の作成が実施されています。日本では一八八二年に創立された地質調査所と、現在これを引き継いだ産業技術総合研究所が行っています。

地質図は知的であるだけでなく、実に華やかなものです。しかし、その製作には途方もない時間と労力がかかります。地質図をつくるために半生を費やして野山を歩く研究者がいまでもたくさんいます。かくいう私も、その一人でした。縮尺五万分の一の地質図を一枚つくるために、何年も没頭していたのです。

大分・熊本県境の宮原《みやのはる》地域にあるすべての尾根道、沢一本にいたるまで、私は歩きまわりました。来る日も来る日も地層を観察しながら、隅々まで歩いて、地形図に色を塗っていきました。それは、こつこつと手作業を繰り返す職人のような日々でした。

そして、地質調査所から京都大学に移籍した一九九七年の春に、ついにその地質図「宮原図幅《ずふく》」は完成しました。製作に着手してから、一五年もの年月がたっていました。それは私にとって、地質調査所の「卒業論文」と言ってもよいものでした。「宮原図幅」は美しい一二色刷で印刷・刊行され、いまでも地図を扱う書店で購入することができます。

地質調査では、自らの五官を使って作業します。地表に露出する岩石の種類を、自分の感性を頼りに色分けする面白さがあるのです。色を自分で指定する作業は、芸術家とまったく同じです。いわば、岩石を「自分色に染める」と言ってもよいでしょう。地学において私が最もこだわりを持っているものは、何と言っても、このような地質図づくりの世界なのです。

地学研究において鎌田先生が最もこだわっているものは？

第7章

大量絶滅のメカニズム

——地球が生物に襲いかかるとき

スパニッシュ・ピーク（アメリカ）で、2500万年前に地下の割れ目に貫入したマグマがつくった岩脈群。この上に火山があった（鎌田浩毅撮影）

地球の歴史を振り返ると、生物がその時々の環境によって大きく影響を受けてきたことがわかります。しかしそれと同時に、生物の活動のほうも、環境を変えるほどの力をもつようにもなりました。すなわち、生命と地球の「共進化」という現象が起きたのです。

この途上では、生物の大部分が短い期間に死滅する「大量絶滅」が何回も起きました。たとえば、陸上に棲む植物と大型動物、海洋に生息する魚類やプランクトンがいっせいに絶滅するといった事件が起きたのです。

こうした大量絶滅は急激な環境変動によって起こりました。その結果、それまで繁栄していた生物には大きな打撃となりましたが、そのおかげで新種の生物が生息できる新しい環境がつくられることにもなりました。

地球史のなかで、ニッチ（生物が占める生態的な地位）は、たえず変化してきました。新しい環境に適応できる新種が出現する一方、古い種は姿を消していったのです。大量絶滅によって生物は進化を続けてきたともいえるでしょう。

そして、実はこうした大量絶滅も、「地学」の視点なしには正しく理解することはできないのです。それはどういうことなのか、この章で見ていきましょう。

二億五〇〇〇万年前の大量絶滅

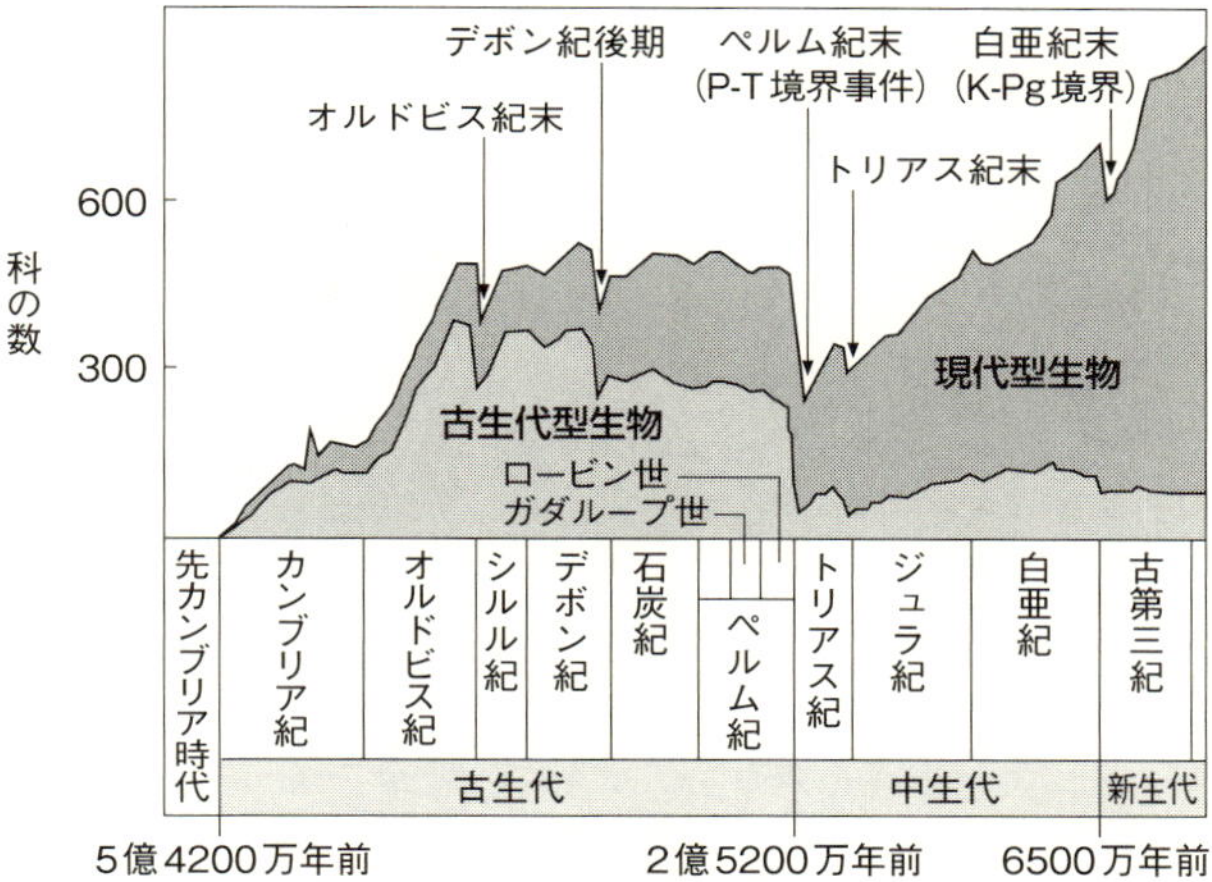

図7－1　地球史における５つの大量絶滅事件（筆者作成）

五回の大量絶滅の中では、三番目に起きた絶滅（二億五〇〇〇万年前）と、最後の五番目の絶滅期（六五〇〇万年前）が大きな事件となりました（図７－１）。

前者は古生代の末期に当たり、生物の九割以上が死に絶えました。また後者は中生代の恐竜が絶滅したことでも有名です。では、こうした大量絶滅では何が起きたのかを述べましょう。

過去五億年に発生した大量絶滅のうち、史上最大の事件は二億五〇〇〇万年前に起きた絶滅でした。地質学では古生代と中生代の境界にあたり、Ｐ／Ｔ境界と呼ばれています（第３章の図３－５参照）。これは、古生代末のペルム紀（パーミアン）のＰと、中生代初めのトリアス紀（三畳紀）のＴの境目の時期という意味です。

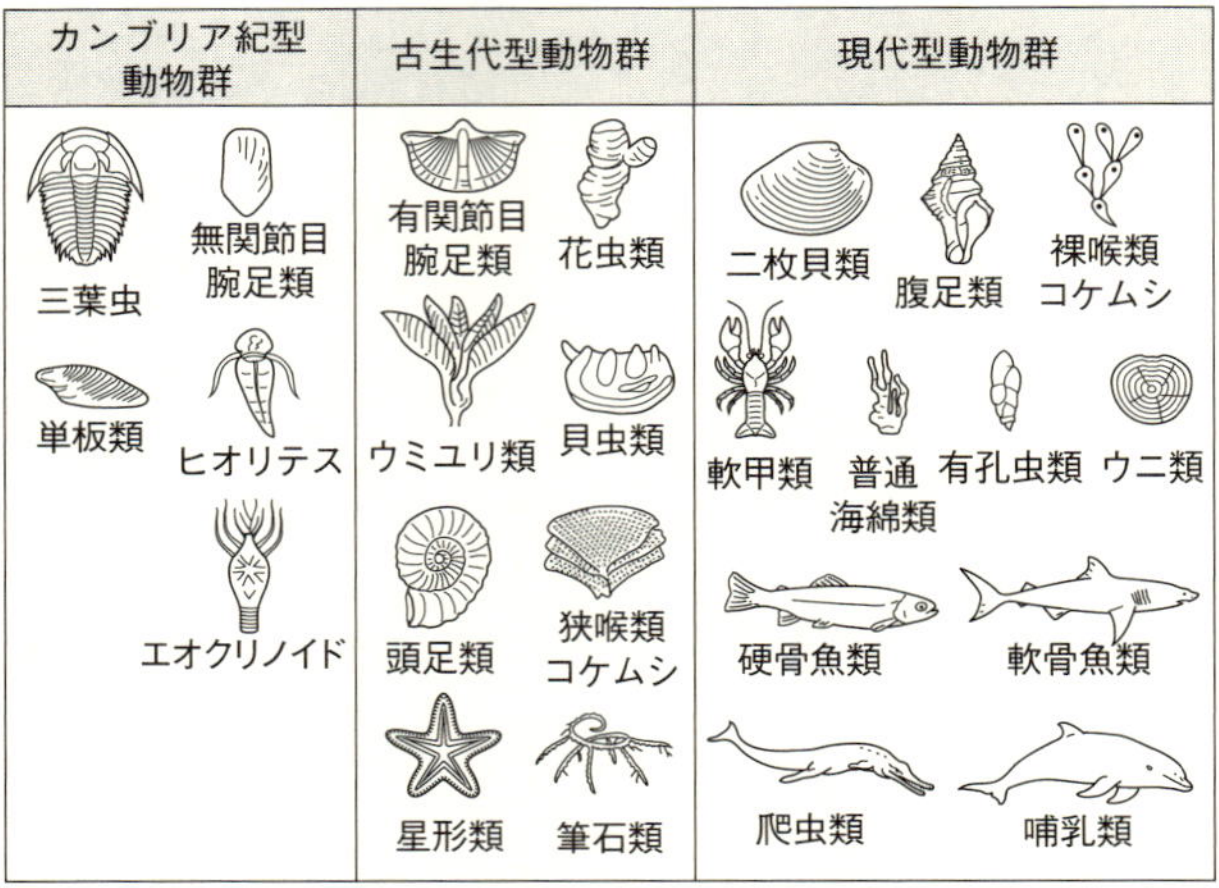

図7－2　古生代型動物群と現代型動物群
（川上紳一氏と東條文治氏による図を一部改変）

このときには九五パーセントもの生物が死滅しました。海に棲む殻や甲殻のような硬組織をもつ無脊椎動物が、姿を消しました。とくに古生代に繁栄を誇っていた三葉虫やサンゴは、この時期を境に忽然と消え去ったことが有名です。

さらに、このときには大型の生物だけでなく、海の中に棲んでいる微生物の多くも絶滅しました。具体的には、海中を漂っていた有孔虫や放散虫などのプランクトンです。

海はつながっているので、消えるときには世界中の海から一度に消えます。とくに有孔虫と放散虫は地域差が少ないので、絶滅したかどうかがはっきりとわかり、その意味では「便利な」化石です。したがって第2章で解説したように、これらの化石は地質学では示準化石として用いられてきました（第2章の図2－4参照）。

地層に残された化石から、絶滅した生物の割合を推測することは困難ですが、くわしく調べてみると、きわめて短期間に激変したことがわかりました。絶滅の前後で、生物の種類はガラッと変わってしまったことは間違いありません。この時期に「古生代型動物群」から「現代型動物群」へと変わったと考えられています（図7－2）。

シベリアの洪水玄武岩

この二億五〇〇〇万年前の大量絶滅は、多方面にわたる環境変動によって引き起こされました。その中でも、第6章で述べたホットプルームによる超巨大噴火が最大の原因であったと考えられています。

ここで、この時期に起きた火山活動についてくわしく見てみましょう。その頃、ユーラシア大陸の北方にあるシベリア台地では、七〇〇〇万平方キロメートルを超える広大な面積を玄武岩が覆っていました。

洪水のように流れ出た玄武岩の溶岩が繰り返し積み重なることで層をつくるので「シベリア洪水玄武岩」と呼ばれています。なお、同種の玄武岩マグマの噴火は、ハワイのキラウエア火山でも起きていますが、こちらは比較的穏やかで、火山灰を成層圏まで噴き上げるような爆発的な噴

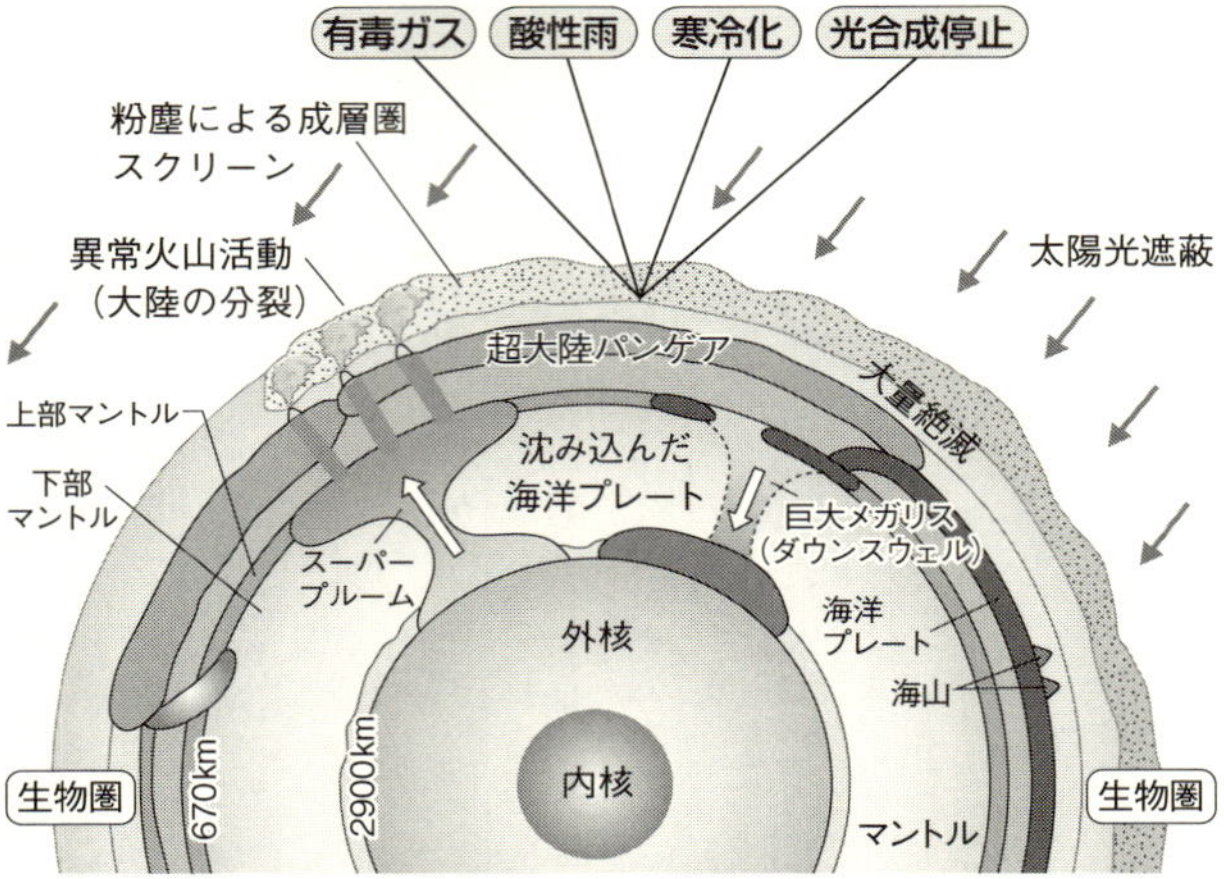

図7－3　大量絶滅とプルーム活動（磯崎行雄氏による図を一部改変）

火をすることはありません。

　ちなみに、シベリア洪水玄武岩は英語で「シベリアン・トラップ」と表記されますが、ここでいうトラップは「罠《わな》」の意味ではなく、飛行機のタラップと同じく「階段」を意味するスウェーデン語に由来します。噴火の繰り返しによって積み重なった玄武岩の層が侵食されると、階段状になるからです。

　シベリア洪水玄武岩の噴出年代は、およそ二億五〇〇〇万年前のペルム紀末でした（第3章の図3－5参照）。これほど大量のマグマが、たった一〇〇万年ほどで噴出するのはきわめて異常です。こうした巨大スケールの火山活動が、大量の火山灰や火山ガスを放出し、大規模な気候変動を引き起こしたのです。

コールドプルームがもたらす地磁気の逆転

大気中に撒き散らされた粉塵《ふんじん》（ダスト）が何十年にもわたって太陽光をさえぎった結果、急激な平均気温の低下が続きました。それにより植物の光合成が停止し、食物連鎖のなかで生きていた動物たちが次々と死に絶えました（図７－３）。

光合成植物の死滅はとくに大気と海水中の酸素濃度を減らすことにもなり、好気呼吸（酸素を用いる呼吸）を行うすべての生物を危機に陥れたのです。

さらに、マグマに含まれていた二酸化硫黄ガスは酸性雨を引き起こし、地球環境が悪化しました。大気のみならず、海までが汚染されたのです。

大気と海洋の汚染に伴い、食糧としての植物が激減しただけでなく、海中での酸素欠乏、放射線の増加による気温低下、地球磁場強度の低下などの複数の異なる現象も発生したことが、Ｐ／Ｔ境界付近の地層に記録されています。

こうして史上最大の大量絶滅が発生し、三億年にもわたり種々の生物が繁栄した古生代は幕を閉じたのです。

こうした変動を起こす原因の大元にあるのは、地球内部の活動です。すなわち、コールドプルームとホットプルームという二つのプルームの動きが原動力となったのです。このときに地球の深部で起きていたことを、少しくわしく見てみましょう。

ことの発端となった物質は、地球表面の七割を覆っている海洋プレートです。このプレートは何億年という長期間に、地球表層で冷やされてきました。よって、これが上部マントルの中へもぐり込んだ際にも、周囲にあるマントル物質よりも温度が低いという特徴を持っていました。

この「プレートの残骸」は、時間とともに密度が大きくなって重くなり、上部マントルの下にある下部マントルの中へ落ち込んでいきます。そして、下部マントルの底部に達した段階で、低温の残骸物質はその下にある外核から熱を奪ってゆくのです。これが前章でも述べたコールドプルームの活動です。

核－マントル境界で徐々に冷やされたことで、外核の中では液体金属の流れに乱れが生じました。対流のパターンが変化することによって、それまで安定していた地球磁場に擾乱《じょうらん》が起こりはじめたのです。

擾乱とともに、「地磁気の逆転」という現象が頻繁に起こるようになりました。第4章でも述べた、北を向いていた磁石の針が南を向くという不思議な現象です。このとき重要なのは、地磁気が逆転する際には、磁場の強度が一時的にゼロになるということです。

こうして磁場強度が低下するにつれて、それまで磁気バリアによってブロックされていた宇宙線が、大気圏に大量に侵入するようになります。これが生物種の保存に大きなダメージを与えたのです。

ホットプルームが引き起こした「プルームの冬」

そのあと、今度はホットプルームが地球深部から上昇してきます。そのために発生した超巨大噴火によって、生物にとって有毒な火山ガスと粉塵が地表にもたらされました。

大量の火山ガスは、地球の環境を急速に悪化させます。エアロゾル（浮遊微粒子）と呼ばれる非常に細かい微粒子が大気中を漂い、酸性の雨となって地表に降りそそいだのです。エアロゾルは二酸化硫黄が水に溶けたもので、つまり硫酸の雨です。酸性水は川から海まで大量に流れ込み、水棲の生物に大きな打撃を与えました。

酸性雨のほかにも、巨大噴火は生物に致命的な影響を与えました。前述した洪水玄武岩の活動が、地殻の底に大量の熱をもたらしたのです。この熱は地殻を大規模に溶かしていき、ケイ長質のマグマをつくりました。

このマグマは火砕流の噴火を引き起こし、空中に大量の火山灰をまき散らしました。火山灰は非常に細かい粉塵となって地球全体を駆けめぐります。何十年間も大気中を浮遊しつづけたダストは、太陽の日射をさえぎり、異常気象を引き起こしました。さらに成層圏に長期間滞留することによって、寒冷化を長引かせたのです。

なお、現在でも大噴火にともなって異常気象が起きることがあります。たとえば一九八二年のメキシコ・エルチチョン火山、また一九九一年のフィリピン・ピナトゥボ火山の噴火では、世界全体の平均気温が〇・五〜一度ほど下がりました（第9章の扉写真を参照）。しかし古生代末期の超巨大噴火は、これらとは桁違いに大規模でした。太陽光をさえぎったエアロゾルとダストが、地球の平均気温をなんと数十度も下げたのです。

ちなみに、一時的に気温の低下をもたらす現象には「核の冬」と呼ばれるものもあります。「核」とは原子核のことで、原子爆弾が炸裂して大量の灰が地球を周回したとき、同じような気温の低下が発生します。

冷夏のような年が何年もつづくと、光合成がさまたげられるので、多くの植物は死んでしまいます。植物を食べることによって生きている動物も、食糧がなくなって死に絶えるでしょう。このような食物連鎖を通じて、多くの生物の種が死滅するのです。

古生代末には、核の冬の何万倍も大きい現象が起きたと考えられています。これは「プルームの冬」と呼ばれています。何十度という気温の急激な低下が、動物にも植物にも大きな打撃を与えました。これが、二つのプルームが引き起こした大量絶滅の姿なのです。

洪水のように溶岩が噴出する！

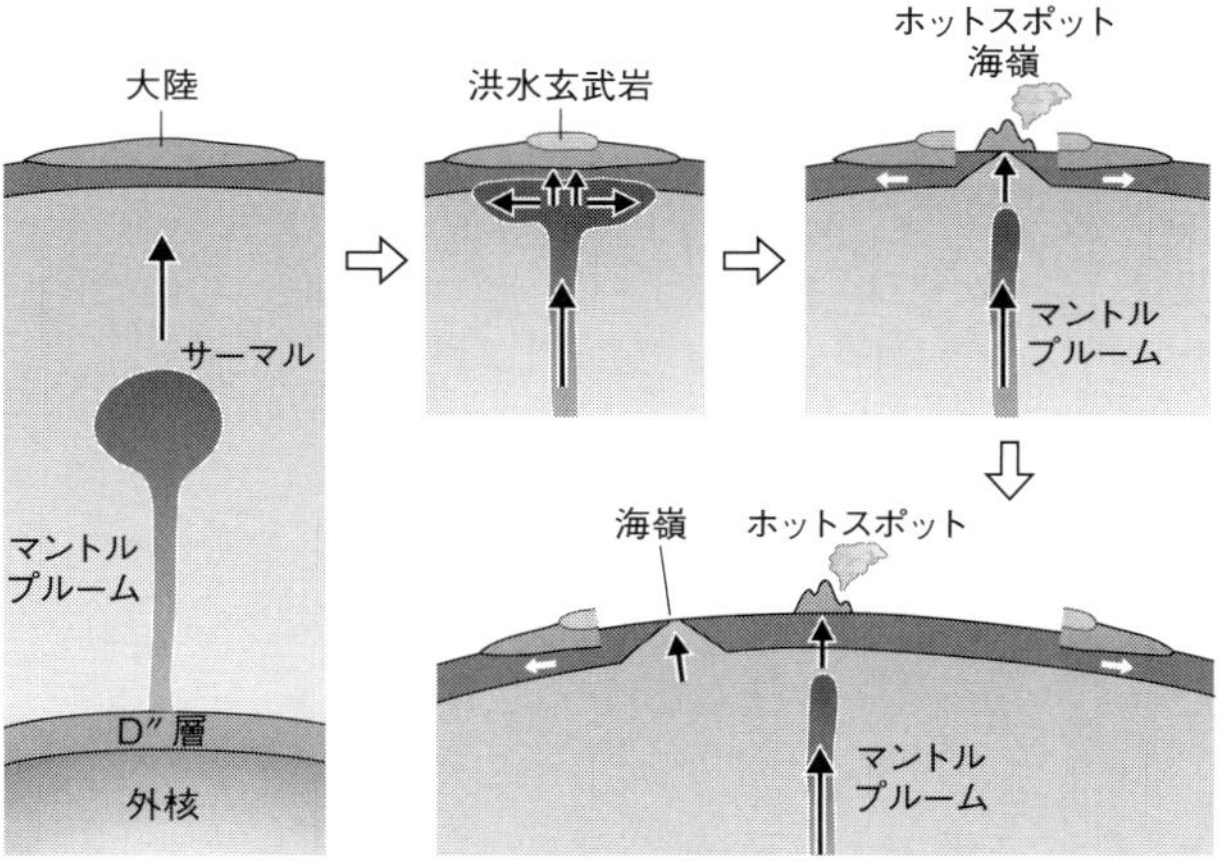

図7－4　プルームの上昇と洪水玄武岩
（井田喜明氏による図を一部改変）

「プルームの冬」が起きたことを示す地質学的な証拠が、ユーラシア大陸やアメリカ大陸に残っています。さきほども少しふれた、洪水玄武岩です（図7－4）。大陸の内部には玄武岩の溶岩でできた広大な台地がありま す。大量のマグマが噴きだした結果、広い地域を洪水玄武岩が埋めつくして、平らな地形がえんえんと続いているのです。

そこではマグマが洪水のように流れだして、何百キロメートルにもわたる地域を一気に覆ってしまったのです。何百枚もある溶岩の厚さは、全部で三キロメートルにも達するものです。

洪水玄武岩は、前述のシベリアのほか、インドのデカン高原や、北アメリカのコロンビア台地などが有名です。それらの場所では、日本の面積よりもはるかに広い地域が、溶岩だけで埋まっています。

つまり、現在の日本列島の活火山で見られる噴火とは比べものにならないくらいの大量のマグマが、一気に噴き出たのです。これらはホットプルームの活動による超巨大噴火で生じたものです。

こうした大量のマグマを噴き出した地域が、世界には数多くあります。これらは巨大火《きょだいか》成岩石《せいがんせき》区《く》（large igneous province）と呼ばれていて、略して「LIP」という呼び方もあります。「火成」とは「マグマに関連したもの」という意味で、しばしば広大な洪水玄武岩の噴出をともなうものです。

さらに、超巨大噴火の産物は、海の底でも見つかっています。南太平洋のオントンジャワには、台地状の高まりが海底にあります。海台《かいだい》と呼ばれる広大な地形で、これも玄武岩の噴火活動によって生じたものです。

海台の成立は中央海嶺とは無関係で、プレートを貫いて生じた超巨大噴火のなごりです。その噴火は、人類が経験してきた火山活動の規模を、何万倍も上まわるほど巨大なものです。

超大陸パンゲアの分裂

ここで、地球上の海陸分布の変遷を見ていきましょう。地球の歴史をくわしく調べてみると、

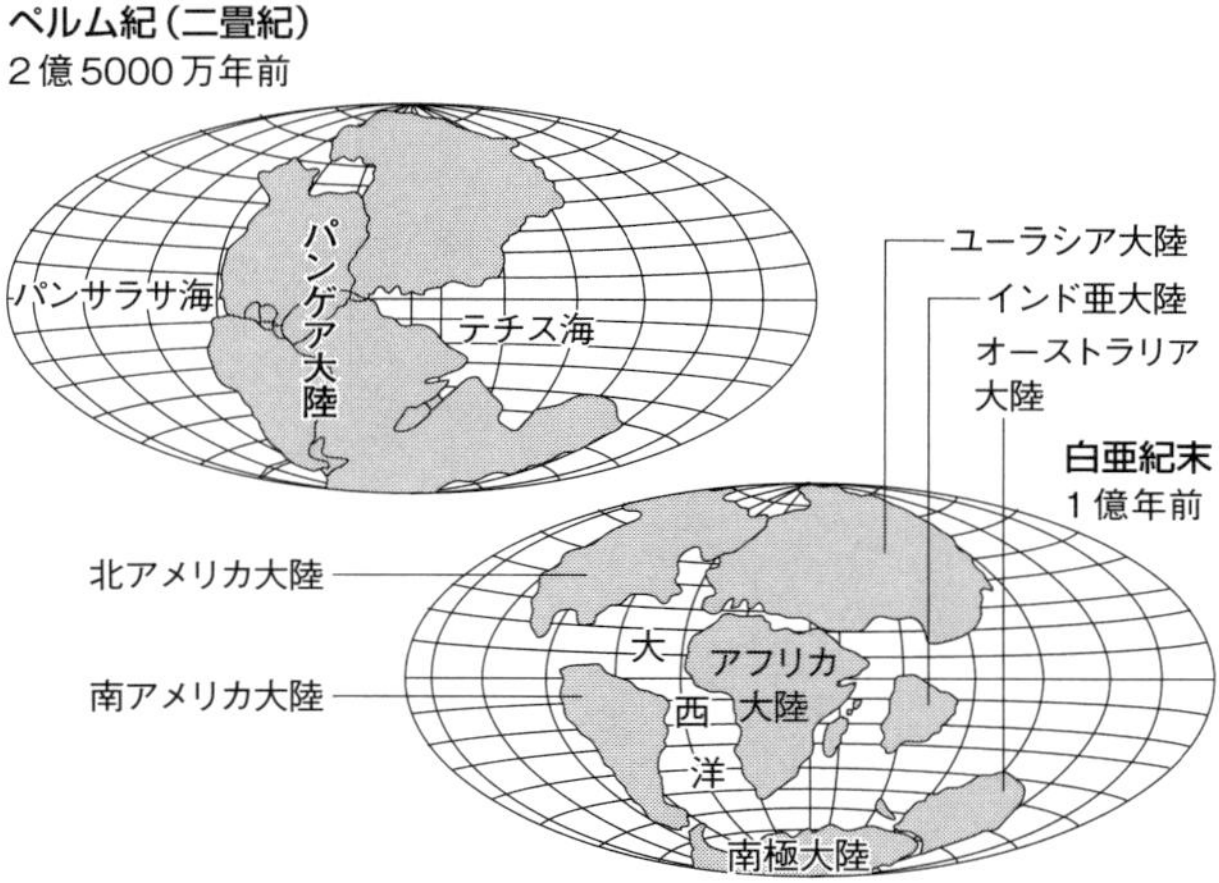

図7－5　ペルム紀と白亜紀末の大陸の分布
超大陸パンゲアが分裂して現在の五大陸となった
（谷合稔氏による図を一部改変）

これまでに四回ほど「超大陸」と呼ばれる巨大な大陸ができて分裂したことがわかってきました。

最初の超大陸が形成されたのは、約二〇億年前です（第３章の図３－５参照）。アジア大陸・ユーラシア大陸・南北アメリカ大陸をあわせたもので、現在の地球にある陸地を全部ひとつのところに集めてしまったのに等しい大きさをもっていました。

そして超大陸の反対側には、これまた巨大な超海洋ができていました。地球上に陸と海がそれぞれ一つだけあった時期です。

数億年ほどたつと、超大陸は分裂を始めて、バラバラになっていきました。しかし、しばらくすると再び集まりだして超大陸になりました。このように超大陸は分裂と集合を繰り返してきたことが、現在の大陸地域の地質調査からわかってきました。

　いちばん新しい超大陸は、二億五〇〇〇万年ほど前にあった超大陸パンゲアです（図7－5）。パンゲアとは「すべてが一つになった大陸」という意味です。ウェゲナーがアフリカ大陸と南アメリカ大陸をつなげてみて思い描いた大陸が、まさにパンゲアでした。

　パンゲアはいちばん新しい超大陸なので、地質の証拠がもっともよく残されています。古生代と中生代の境目の時期にあたる前述のP／T境界、つまり二億五〇〇〇万年前に、パンゲアは分裂を始めたことがわかっています。

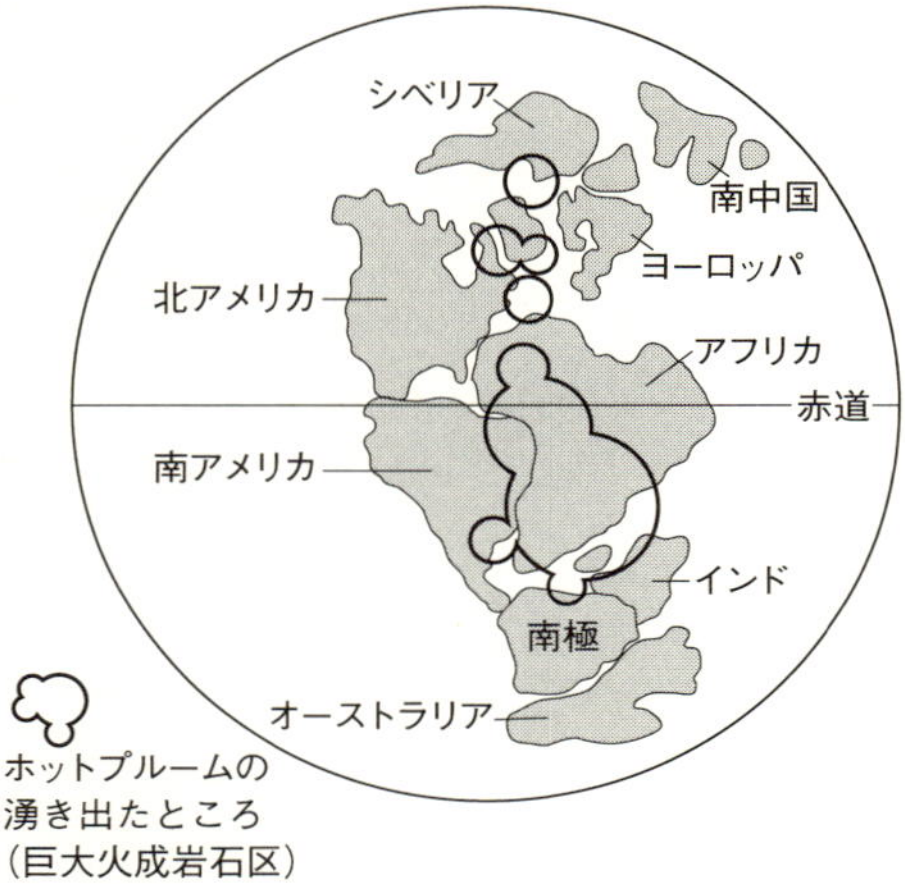

図7－6　パンゲアの分裂と超巨大噴火
超大陸パンゲアが分裂した時期に超巨大噴火が発生し、パンゲアは中央から南北に分裂した（筆者作成）

　この分裂時期に、パンゲアの中央に巨大火成岩石区ができています。南北に並ぶ巨大火成岩石区に沿って、超大陸は真ん中から分裂していきました（図7－6）。アフリカ大陸、南北アメリカ大陸、ユーラシア大陸、南極大陸、つまり五大陸の誕生です。

マグマが大陸を割って入る

さて、大陸が分裂した場所と時代を調べてみると、洪水玄武岩の噴出と一致することがわかってきました。ホットプルームの活動が、大陸の分裂と密接に関係していたのです。

超大陸が地球の表面を広く覆っていたとき、ホットプルームが下からゆっくりと上がってきました。ホットプルームは、地球の内部で生まれる熱を持って上昇してきます。

たとえば、約四〇億年前に地球上でプレート・テクトニクスが機能を開始したあとも、地球の内部からはたえず熱が放出されています。マントルの岩石に含まれる放射性元素が壊れることによって、熱が徐々に発生しているからです。

また、核からは、液体の外核が冷えて固体になるときに発生する潜熱《せんねつ》と呼ばれる熱が出ています。これらの熱が、ホットプルームとともにゆっくりと地殻まで運ばれていったのです。

地球の表面に超大陸があった場合には、熱は逃げにくくなります。ちょうど、超大陸という毛布におおわれて、中が保温されているような状態です。したがって超大陸ができると、その下のマントルには熱がこもりやすくなります。

超大陸の下からホットプルームが上昇してくると、超大陸の底は熱で少しずつ溶けはじめます。さらに、ホットプルームは軽い物質からなるので、超大陸には下から持ちあげられる力が働きます。

これらの作用によって、超大陸をつくる地殻はしだいに薄くなってゆきます。最後には、超大陸は表面から割れはじめます。これが超大陸の分裂の始まりなのです。

下から上がってきたホットプルームは、超大陸の下部を溶かしてマグマを大量につくりました。また、ホットプルームの上昇によって圧力が下がったマントル物質は部分溶融を起こし、そのため新たなマグマが生産されました。第5章の図5－7で説明したメカニズムです。

これらのマグマは地上に噴出し、超大陸が分裂した部分を埋めていきました。超大陸の裂け目に、新たに地殻が形成されたのです。

新しくできた地殻は、超大陸をつくっていた地殻よりも薄いため、その上には水が入りこんで海となりました。大洋の誕生です。引きつづき、海底にはマグマが噴出し、中央海嶺ができました。そして大陸の分裂にしたがってプレートが生産され、左右に分かれていきました。

実はこれが、第4章でも述べたウェゲナーたちが頭を悩ませていた大陸移動のしくみでもあるのです。

マグマの巨大な貫入によって、超大陸は分裂のきっかけを与えられました。まさに、「地球は

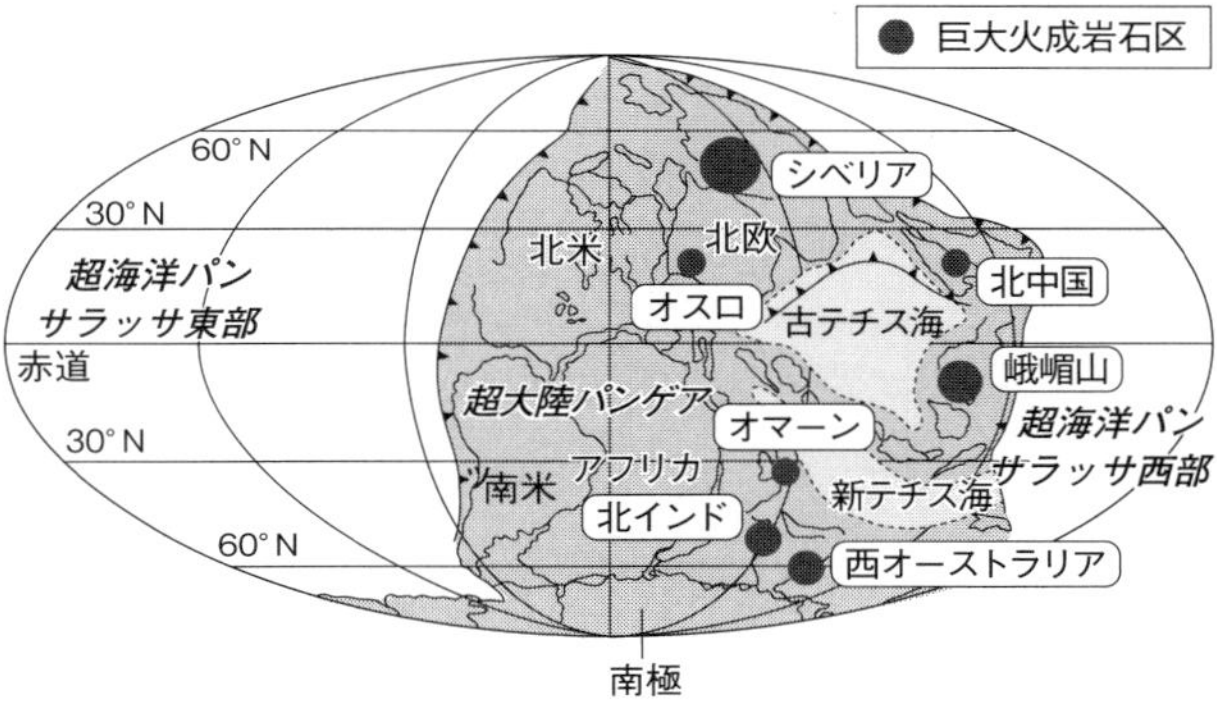

図7－7　ペルム紀に形成された巨大火成岩石区（LIP）
（磯﨑行雄氏による図を一部改変）

火山がつくった」のです。

ペルム紀末の巨大火成岩石区

超大陸パンゲアが分裂した隙間に、やがて大西洋が誕生しました。ちょうどその頃のペルム紀末に、複数の巨大火成岩石区が形成されました（図7－7）。たとえば、シベリアン・トラップや中国の峨《が》嵋《び》山《さん》の洪水玄武岩はその例です。

　これらは沈み込み帯での火山活動とは異なり、プレート運動とは無関係に間欠的に形成されたものです。つまり、超大陸の中央で、厚い大陸を構成する地殻を押し割るように大量のマグマが貫入してくるのです。

　巨大火成岩石区には、おのおのが円形の形状をもつという特徴もあります（図7－6参照）。また、ペルム紀の巨大火成岩石区は、パンゲアの東半分に集中していました。

生物種の減少をもたらすきっかけとしては、地球深部の現象も加担しました。マントル内ではホットプルームが間欠的に発生し、地上に向けて大量に物質を輸送しました。その結果、マントルと核の境界付近で温度のバランスがくずれ、外核内の液体金属の対流に前述したような乱れが生じたのです。

こうした対流の擾乱は、地磁気の強度の低下をもたらしました。これに誘導されて長期間の寒冷化が始まり、やや遅れて大規模火山活動による寒冷化が加わったと考えられています。そして最終的には、巨大火成岩石区の特異な火山活動によって表層環境が悪化し、生物圏に対する大量絶滅が起きたのです。

ペルム紀末に地表で起きた現象をまとめると、以下のようになります（図7－3参照）。

最初に、空中を漂う大量の火山灰によって太陽光は何十年も遮られ、地球全域で平均気温の急激な低下が起こりました。

さらに、マグマに含まれる二酸化硫黄ガスは有害な酸性雨を引き起こし、地球環境は極度に悪化しました。気温低下、食糧不足、大気汚染、また海中での酸素欠乏といった種々の要因によって大量絶滅が発生しました。こうして、古生代は終わりを告げることになりました。

地球の歴史区分の考え方

ここで、地球の歴史区分の由来について見ておきましょう。地球史には古生代、中生代、新生代という区分があります。これらは生物の出現以後の時代に対してつけられた名前です。そして地質学で古生代と中生代を分けているのは、この時期を境として化石がいっぺんに変わっているからなのです（第3章の図3－5参照）。

やがて化石の研究が進むと、それぞれの時代の最後に、たしかに生物が一気に死滅する大量絶滅が起きていることがわかってきました。生物を基準とする歴史区分が間違ってはいなかったことがわかってきたのです。

ここで、みなさんは「おや？」と思われるかもしれません。もともと、生物の大量絶滅を基準に時代を分けていたのではないか？　なのに、大量絶滅を裏づける化石の発見によって、時代区分が正しかった、というのは、トートロジー（同語反復）なのではないかと。

実は、その疑問は正しいのです。そして、実はここにこそ、地学の研究手法の本質が垣間見えているのです。

地球の歴史の上では、さまざまな事件が次々と起こります。歴史とは時間が一方向に向かって進むものであり、後戻りのない流れです。そこでは偶然の要素が大きく作用し、前の時代とはまったく関連のない事件が突如として起こります。

こうした地球の歴史を研究する際に、われわれ科学者は最初に、数多くの事件が「いつ」「どこで」起きたかを調べます。そして、それらを時系列に並べて、互いの因果関係を突きとめようとします。しかし実際には、因果関係が明らかになるものは少なく、多くの事象は独立して、無関係に起きているようにも見えてしまいます。

こうした中で、それでも歴史を研究するためには、時代区分を入れなければ収拾がつかないことになってしまいます。そこで地球科学者は、地層や古生物から得られた事実をもとに、ともかく古生代、中生代、新生代という便宜上の区分をつくりました。これらはその時点で入手しえたデータに基づいて立てた「仮説」としての時代区分なのです。

したがって、新しくデータが増えれば仮説は改変され、新たな仮説が提案されます。大量絶滅に基づく仮説としての時代区分は、新しい事実の出現でバージョンアップされるのです。すなわち、一見してトートロジーに思えるような作業の積み重ねによって、より確からしい時代区分が見えてくるというわけです。

地球の歴史に対する理解は、研究の進展とともにこうした仮説が積み重ねられることで、大きく変わってゆくものなのです。こうした研究手法は数学や物理学などとは大きく異なるため、初めて地学を学ぶ人が当惑するのも無理のないことかもしれません。

地球の歴史に「例外」は当たり前

さて、話を生物の大量絶滅に戻しましょう。ある時期に生物が爆発的に進化し、また大量に絶滅したという事実は、いずれも二〇世紀になって続々と発見されました。

一方、地質学と古生物学はその何百年も前から、地道に地層と化石の研究を世界各地でつづけてきました。古生代を終わらせた大量絶滅のストーリー構築にも、長い年月をかけたフィールドワークに基づく事実の蓄積があったのです。

もう一つ、地球の歴史を精査すると、二億五〇〇〇万年前以後にも興味深い事実があります。超巨大噴火が発生した時期を、大量絶滅の時期と比較・検討した研究によると、ペルム紀末以外にも、火山活動と生物絶滅の時期が一致する場合が複数あったのです（図7-8）。

たとえば、中央大西洋の活動はトリアス紀（三畳紀）の終わり（二億年前）と一致し、インド・デカン高原の活動は白亜紀の終わり（六五〇〇万年前）と一致します（第3章の図3-5参照）。くわしく見ると、これらの時期に大陸で噴出した洪水玄武岩の活動と、生物の大量絶滅の時期がよく一致していました。

その一方で、海底で噴出した大量の玄武岩活動は、必ずしも大量絶滅を引き起こしていませんでした。これは、深海底の噴火ではマグマに含まれている硫黄成分が、高い水圧によって海中に

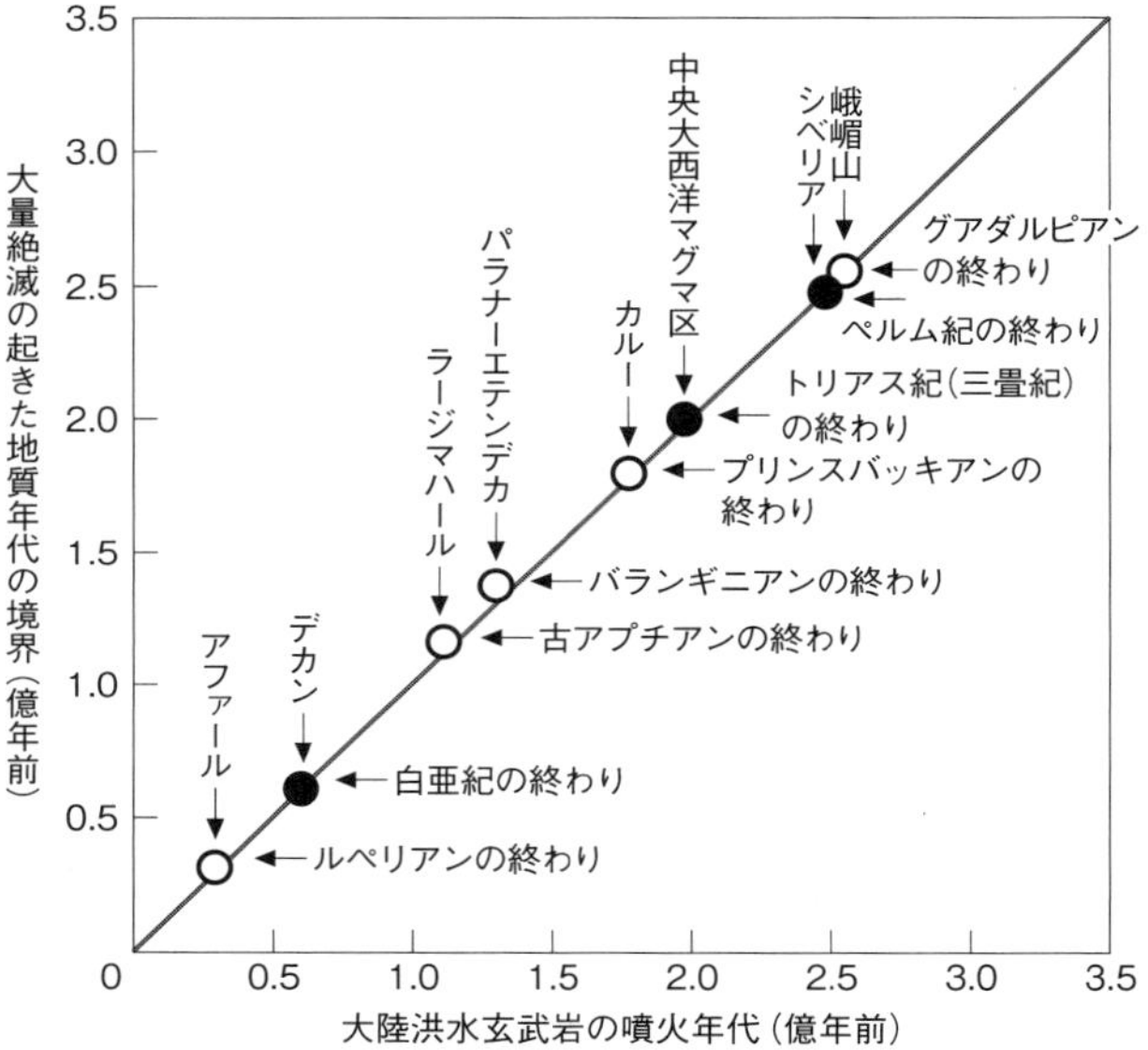

図7－8　洪水玄武岩の噴出と大量絶滅
●はとくに大きな大量絶滅を表す
（佐野貴司氏による図を一部改変）

は放出されなかったためであると考えられます。

しかし、たとえばシャツキー海台をつくった超巨大噴火では、大量の溶岩流が噴出して火口が海上に出たため、大量の二酸化硫黄が大気中に放出されています。

このように超巨大噴火と大量絶滅の因果関係は、ある場所では明確な証拠があり、別の場所では十分な証拠が得られていません。結論はいまだに出ておらず、地球科学者は決定的な証拠を求めて、いまも世界中の地層や岩石を精力的に調べています。

実は、こうしたばらつきがあるのも、地球の歴史ではごく当たり前のことです。私の博士論文を審査してくださった中村一明先生（東京大学地震研究所教授）は、「地球の歴史では例外があるのが当たり前。逆に、例外があるから自然界らしいじゃないか」と、常々おっしゃっていました。ですから地球科学者には、研究の材料が尽きることはないのです。

なお、この章ではホットプルームによる噴火を「超巨大噴火」として紹介しました。これは、数千万年から一億年に一度しか起きないような、地球最大規模の噴火です。これに対して、日本列島でも見られるような大規模噴火は「巨大噴火」もしくは「破局噴火」と呼ばれます。これは、われわれの人生で経験する可能性がまったくゼロではない噴火といえるでしょう。くわしくは第9章で解説します。

コラム⑦

大学で地学を学ぶにはどんな学部（学科）に進めばよいですか？

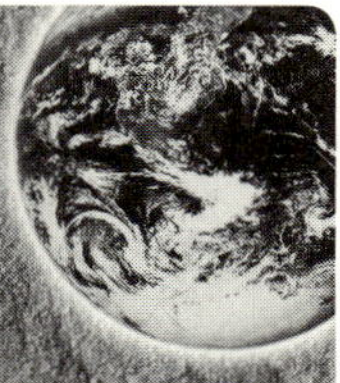

地学を学べる学部は、全国の大学にある理学部や理工学部です。ただし「地学科」という名称の学科はほとんどなく、近年では「地球惑星科学科」などの名称になっています。そのほか、工学部の土木工学科、都市工学科、資源工学科でも地学を学べます。また、教育学部には地学を含めて理科の教員を養成する学科があります。

これらは大きく、地球の成り立ちや歴史などの基礎研究を行う理学部系、人間に直接役立つ防災や環境・資源にかかわる研究をする工学部系、小中高の理科の先生を養成する教育学部系に分かれます。

ちなみに、高校で扱う地学に含まれる「宇宙」や「天文」の分野にも、理学部系と工学部系があり、前者は天文学科、宇宙物理学科などで研究し、後者は宇宙工学科や環境工学科などで研究しています。

最近では理学部や工学部といった従来の名称ではなく、「環境学部」や「情報学部」などという名の学部にも、地学の研究者がいます。ちなみに私が所属するのは総合人間学部ですが、これはもともと教養教育を担う学部が改組してできた名称です。ここにも伝統ある地学教室があり、たくさんの学生が学んでいます。他大学の例では、たとえば東京大学教養学部がこれに相当し、同様に地学の教育と研究を行っています。

地学は物理、化学、生物学、数学など、自然科学のたくさんの分野の上に成り立っていることから、さまざまな学部や学科で研究が進められています。多様な教育機関で学ぶことができるのも、地学のひとつの特長でしょう。

京都大学での地球科学実験の風景。学生がカッターで岩石を薄く切断し、顕微鏡観察用の薄片を製作している

第8章

日本列島の地学

――西日本大震災は必ず来る

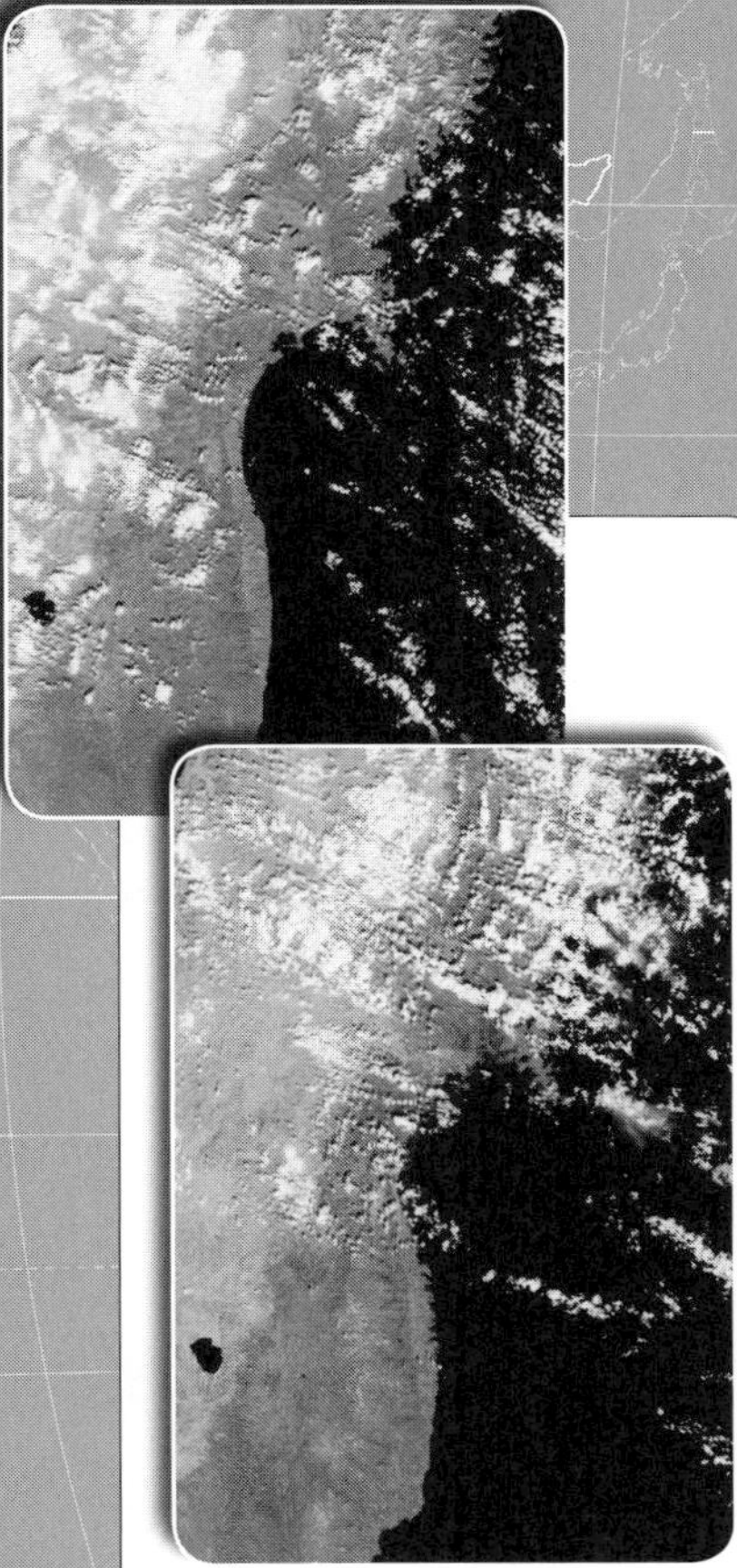

東日本大震災の前後に東北地方の海岸線を撮った衛星写真。下が震災直後で、津波をかぶった海岸線が黒く見えている（NASA）

二〇一一年に発生した東北地方太平洋沖地震は、未曾有《みぞう》の震災——東日本大震災をもたらしました。宮城県、福島県、岩手県の沖合で起きた地震は、日本では一〇〇〇年に一度といわれる巨大地震で、西暦八六九年に起きた貞観《じょうがん》地震以来の規模だったのです。その結果、予想をはるかに超える大揺れと津波の被害をもたらしました。

ここからは、時間軸を人間の生活時間にあわせて話を進めていきましょう。何万年、何億年という時間ではなく、十年から百年、せいぜい数百年というオーダーの話です。

こうした現象は、いずれも地学と深く関係しています。本章では地震や津波はどうして起きるのか、また、われわれはそれらの自然災害に対していかに対処すればよいのかについて考察します。自然の動きについて正しい知識を持っていれば、自分の身を自ら守ることができる可能性が高くなります。すなわち、地学がもっとも人の役に立つ場面がここにあると言っても過言ではないでしょう。

東日本大震災の被害はあまりにも甚大で、二万人近い数の人が死亡もしくは行方不明となりました。最初に伝えたいメッセージは、日本列島はこの震災を境として、状況が以前とはまったく変わってしまった、ということです。地学的には、それほどの大事件が起きてしまったとわれわれ専門家は理解しているのです。

では、具体的にいったい何が変わってしまい、これからどう対策を立てていけばよいのでしょうか。それは東日本大震災から生き残った日本人全員が考えていかなければならない課題なのではないか、と私は考えています。

地震を起こすのは「プレートの動き」

東北地方太平洋沖地震は、なぜ、どのようにして起きたのでしょうか。それを理解するために、まずは日本が世界の中で位置する地理について確認しておきましょう。

私たちの住んでいる日本は、四方を海に囲まれた島国です。北海道・本州・四国・九州という四つの大きな島と、そのほかの数多くの小さな島からなります。こうした島々は、北から南まで、また東から西まで、総計二〇〇〇キロメートルを超える距離にわたって連なっているため、「日本列島」とも呼ばれています。

日本列島の成り立ちは、地球上を動くプレートによって説明されています。地球の表面は一〇枚ほどのプレートによって分割されていますが、日本列島にはそのうちの四つのプレートが関わっています（図8-1）。まず、二つの大陸プレートがあります。これらにはユーラシアプレートと北米プレートという名前がつけられています。

また、日本列島の東の沖合に広がる太平洋には、二つの海洋プレートがあり、太平洋プレートとフィリピン海プレートと名づけられています。すなわち日本列島は、二つの大陸プレートと、

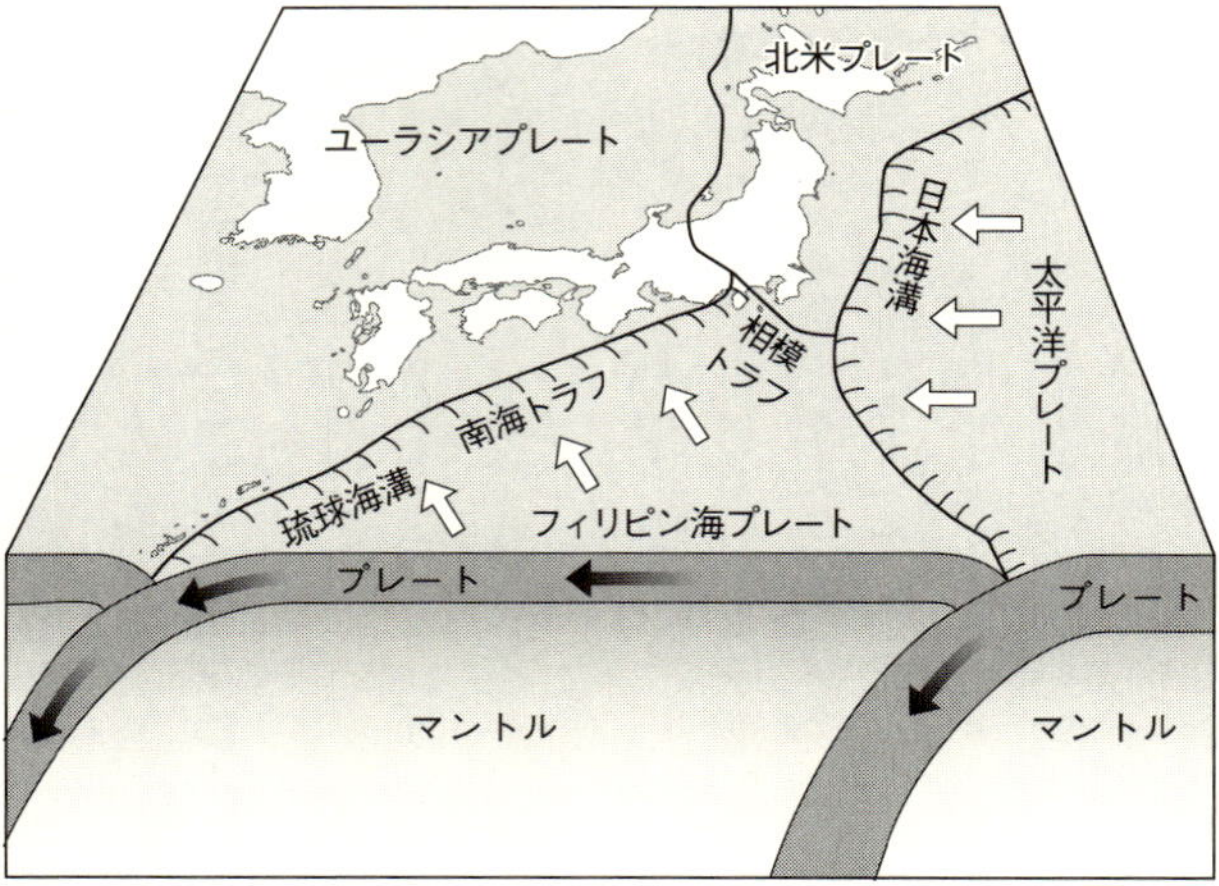

図8－1　日本列島を取り囲む４つのプレートとそれらの動き

二つの海洋プレート、あわせて四つのプレートの相互運動によって誕生したのです。

海洋プレートは、大陸プレートの下にもぐり込んでいます。太平洋にある二つの海洋プレートが、斜め方向に日本列島の地下へ沈み込んでいるのです。

プレートの動きは非常にゆっくりしたもので、一年に四～八センチメートルくらいの速度です。前にも述べましたが、これは身近なものにたとえれば、ちょうど爪が伸びるくらいの速さです。

こうしたゆっくりとした動きでも、何十万年、何百万年という間には、非常に大きな距離を移動します。そして、この運動が、最初に述べた東北地方太平洋沖地震の原因ともなったのです。

巨大地震はどうして起きるのか

日本は先進国でも随一の地震多発国です。日本列島は世界の陸地面積の四〇〇分の一しかないのに、世界中で発生する地震のなんと一〇パーセントが日本で発生しています。地震のほとんどないアメリカやヨーロッパから日本に来た外国人は、月に一回くらいは地震を感じることに、非常に驚きます。こうした地震の発生も、プレートの動きで説明することができます。

太平洋沖の海洋プレートは、日本列島の乗った大陸プレートの下にたえず沈み込んでいますが、大陸プレートはしばらくの間は、じっと持ちこたえています。しかし、ついに限界に達すると、大陸プレートは一気に反発し、上に乗っているプレートを弾《はじ》きます。このときに巨大地震が発生するのです。東日本大震災を引き起こしたのも、このしくみです（図8－2）。

東日本大震災をもたらした事件は、それが起きた日付をとって「3・11」とも呼ばれています。「3・11」は、東日本が乗っている北米プレート上の地盤を大きく変えてしまいました。実際、地震後に日本列島はなんと五・三メートルも海側に移動したのです。

さらに、太平洋岸では地盤が最大一・二メートルも沈降したことが観測されました。これによって東北地方から関東地方の太平洋側が、東西に少し広がり、また、一部の地域が沈降したことになります。

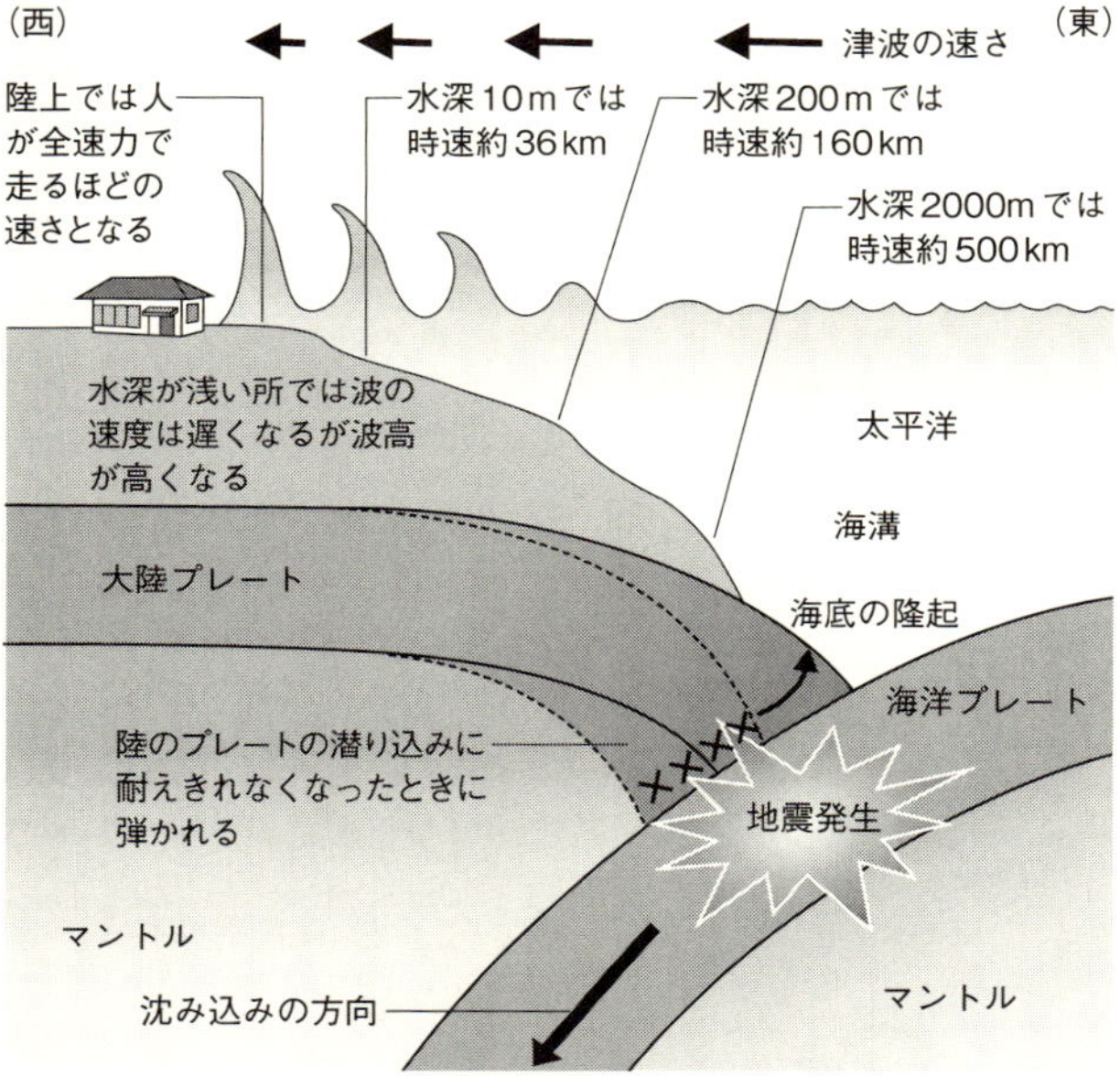

図8－2　地震と津波が発生するしくみ

結果として、日本の陸地面積は〇・九平方キロメートルほど拡大した、と計算されています。東日本大震災はそれほど大きな影響を日本列島に与えたのです。

こうした現象は、海の巨大地震が起きたあとには必ず見られます。歴史を振り返ってみると、こうした巨大地震は太平洋側で何十回も起きてきました（ちなみに日本海側では、これほどの地震はありません）。

その海底には、大きな溝状の谷があります。海洋プレートが無理やり沈み込むことによってできた巨大な窪地です。これに沿って

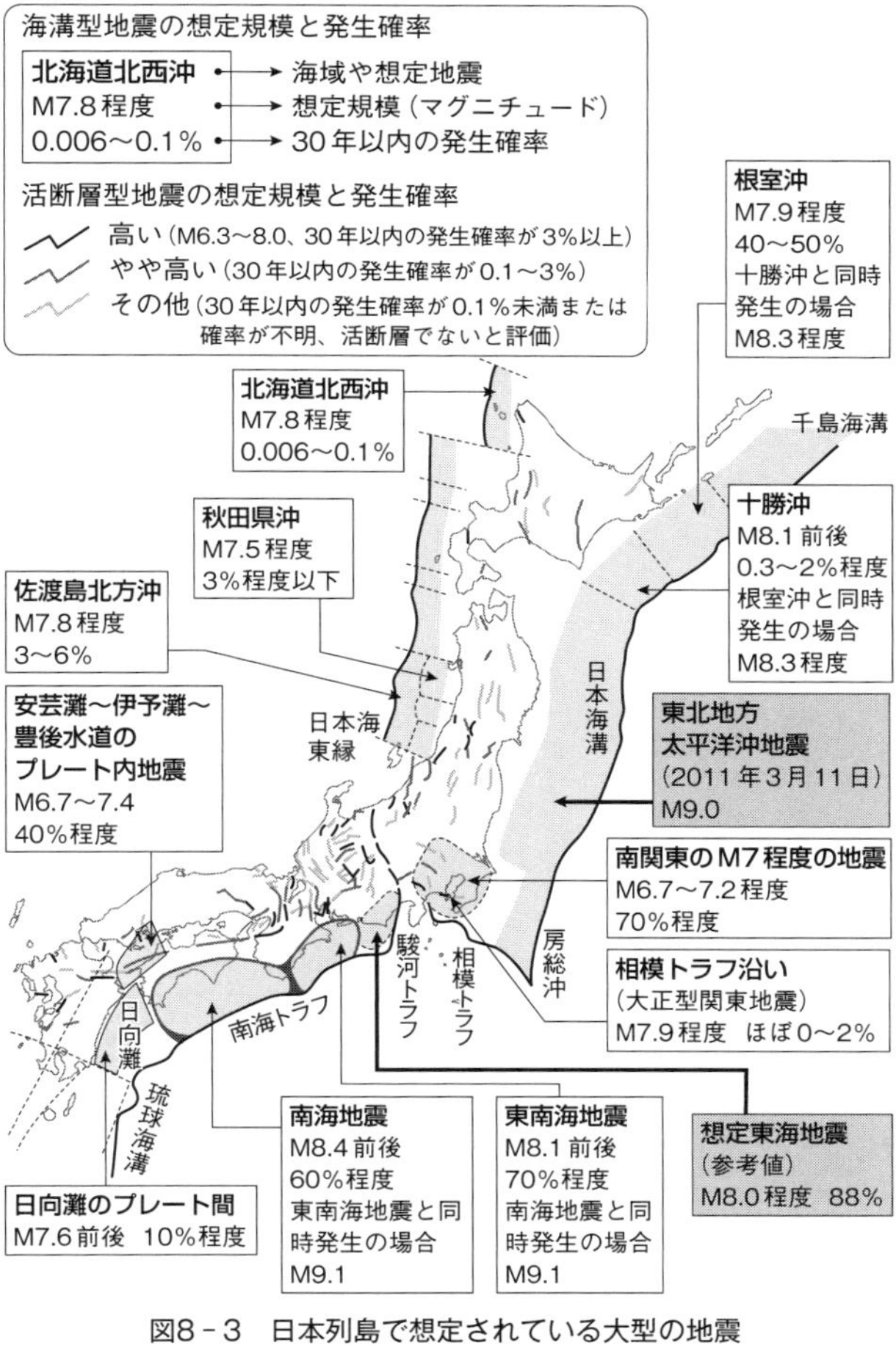

図8－3　日本列島で想定されている大型の地震
（政府の地震調査委員会の資料を基に筆者作成）

「地震の巣」があるのです。こうした地震の巣は、「震源域」と呼ばれます（図8－3）。

震源域とは、地下で地震が起きる原因となった場所のことです。実は、地震は一点で起きるのではなく、ある広がりを持つ場所で発生するので、地域という意味を込めて震源域と呼ばれているのです。具体的には、地下で岩石が大きく割れて地震を起こす広大な領域のことを指します。

そもそも地震は、地下の岩盤が広範囲にわたって割れることにより発生します。プレートとプレートの境では岩石が固着しているのですが、ここが滑りながら大きく破壊されて断層ができるときに地震が発生します。

このとき、断層で割れた岩盤の面積が大きければ大きいほど、発生する地震の規模が大きくなります。その結果、地上も大きく揺れ、建物や人に与える被害も甚大になるのです。

いまだに止まない余震

さて、東日本大震災を起こした東北地方太平洋沖地震の震源域は、太平洋側にありました。図8－3で日本海溝の西に位置する広大な領域です。二〇一一年三月一一日には、ここでマグニチュード9・0という巨大地震が発生しました。

マグニチュードとは地震の大きさを表す数字で、大きいほど地震が放出するエネルギーが大きかったことを意味します。マグニチュードの数字が1違うと、地下から放出するエネルギーは三二倍も異なります。

さて、この震源域では、「3・11」の大地震の直後に、たくさんの小さな地震が発生しました。長さ五〇〇キロメートル、幅二〇〇キロメートルという広大な震源域の中で、いくつもの地震が立て続けに発生したのです。

これらは「余震」と呼ばれますが、最初の大地震直後から規模の小さな地震がたくさん起きるものです。東北地方太平洋沖地震の特徴の一つは、異常ともいえるほど余震の活動が激しかったことです。

地震を研究していると、一般に余震は初めの一撃である「本震」よりも小さく、かつ数が次第に減ってゆくものであることがわかっています。しかし、今回の本震は、マグニチュード9クラスという異常に大きなものであったため、余震でもマグニチュードで最大7クラスの大地震が発生しました。しかも、余震はいまだに止むことはありません。

こうした余震が継続する期間から見ても、東北地方太平洋沖地震は特別なものです。普通は、余震はだいたい一週間ぐらいで次第に数が少なくなるのですが、今回の余震は十年以上も終わらないだろう、と私たち地学の専門家は予測しています。

内陸で起きる直下型地震

「3・11」の地震のあと、震源域とはまったく関係のない地域で、規模の大きな地震が発生しています。本震の翌日（三月一二日）には長野と新潟の県境付近でマグニチュード6・7の地震が起きました。この地震は震度6強を記録し、東北から関西にかけての広い範囲に大きな揺れをもたらしたのです。

これは典型的な内陸性の「直下型地震」です。直下型地震は地面の下の浅いところで地震が起きるため、地上では非常に大きな揺れが襲ってきます。たとえば、一九九五年に関西で起きた阪神・淡路大震災のように、突然地震に襲われるため逃げる暇がほとんどなく、建物が壊れてたくさんの犠牲者が出ます。

こうした直下型地震は、日本列島の陸上にある「活断層」の地下で起きます。大陸プレートに加わる巨大な力が、地下の弱い部分の岩盤をずらして断層をつくり、このずれが地表まで達すると活断層となるのです。

活断層は何十回も繰り返してずれ、そのたびに地震を起こします。その周期は一〇〇〇年から一万年に一回くらいです。巨大な力が日本列島の地盤のどこかで解放されて地震が起きるわけですが、その「どこか」とは、実際には「日本の全土すべての地下」と言っても過言ではありません。

地球上では、断層が一回だけ動いてあとは全然動かない、ということはありえません。一回動いた断層は、なぜか何百回も動くものなのです。つまり、活断層のある場所は、何百回も地震が起きていたことを示していますし、これからも頻繁に動く可能性があるのです。その一方で、長い間動かなかった断層は、今後もあまり動きません。

こうした経験則から、研究者たちは個々の断層ごとに、その特徴をくわしく調査します。現在、日本列島には活断層が二〇〇〇本以上存在することがわかっています。その中でも、とくに大きな地震災害を引き起こしてきた一〇〇本ほどの活断層の動きが、注視されているのです（図8－3参照）。

東北地方太平洋沖地震のあと、日本列島の内陸部でこうした活断層が活発に動き出す心配があります。というのは、過去にも大地震が発生したあとに、内陸部の活断層が活発化し、直下型地震を起こした例がたくさん報告されているからです。

たとえば、第二次世界大戦中の一九四四年、名古屋沖で東南海地震（マグニチュード7・9）が起きた一ヵ月後に、愛知県の内陸で直下型の三河地震（マグニチュード6・8）が発生しました。

また、一八九六年に東北地方の三陸沖で起きた明治三陸地震（マグニチュード8・2）の二ヵ月半後に、秋田県で陸羽《りくう》地震（マグニチュード7・2）が発生しています。いずれも海で巨大地震が発生したあとに、内陸で直下型地震が起きているのです。

このタイプの地震は、海の震源域の内部で発生したものではなく、新しく別の場所で「誘発」されたものです。すなわち、先ほど述べた「余震」とはまったくメカニズムが異なるのです。「3・11」でもマグニチュード9という巨大地震の発生後、遠く離れた地域の地盤にかかる力が変化したため、地震を誘発するようになったのです。内陸性の直下型地震は、これからも時間をおいて突発的に起きる可能性があります。

先に述べたような太平洋上の震源域で起きる「余震」だけではなく、日本列島の広範囲でマグニチュード6〜7クラスの地震が誘発される恐れがあるのです。

首都直下地震

この誘発地震は、首都圏を直撃する可能性があります。「首都直下地震」と呼ばれるもので、これが起きれば大変な被害になります。実は「3・11」による誘発地震は、北米プレートの上で数多く起きています。首都圏も北米プレート内に含まれているので、例外ではないのです。

過去に首都圏で起きた直下型地震を振り返ってみましょう。幕末の一八五五年に、東京湾の北部で安政江戸地震が発生し、四〇〇〇人を超える犠牲者が出ました。また、一七〇三年の元禄地震では一万人以上の死者が発生し、幕府に大きな打撃を与えました。

国の中央防災会議は、首都圏でマグニチュード7・3の直下型地震が起こった場合に、最大で一万一〇〇〇人の死者が出ると想定しています。その他にも、全壊および焼失家屋八五万棟、一一二兆円の経済被害が予想されています。

日本列島の地震を調べている地震調査委員会は、今後三〇年以内に首都圏でマグニチュード7クラスの地震が七〇パーセントの確率で起きる、と予測しています。その後、首都圏で起きる直下型地震は最大震度7の被害を起こすという試算が発表されました。

首都圏も含めた東北・関東地方の広範囲にわたって、直下型の誘発地震の危険性が高まっています。たとえば、東日本大震災後に起きたマグニチュード3から6までの地震は、震災前の五倍ほどにまで増加しているのです。

日本はこれまでさまざまな大震災を経験してきましたが、被害の内容は地震ごとに大きく異なることも知っておいていただきたいと思います。

たとえば人が亡くなった原因を見てみると、一九二三年に起きた関東大震災では、犠牲者の九割が地震後に起きた火災で亡くなりました。また、阪神・淡路大震災では、犠牲者の八割が地震直後に起きた建物の倒壊によるものでした。そして東日本大震災では九一パーセントが巨大津波による溺死でした。

つまり、地震は起きた場所、時刻、タイプなどによって被害の様子がまったく違ってくるのです。こうした事実も、身を守るための知識として知っておいてほしいと思います。

発生前から命名されている「西日本大震災」

私が次に心配している地震は、静岡県から宮崎県までの太平洋沿岸で起きる海の巨大地震です。ここには「南海トラフ」と呼ばれる海底の大きな溝状の谷があります（図8－4）。これは駿河湾から九州沖にかけての海底にある溝（トラフ）で、深さが約四〇〇〇メートルあります。「トラフ」とは、海底にできた舟底のように細長い盆地のことで、深さが六〇〇〇メートルより浅いものをいいます。プレートが沈み込み、六〇〇〇メートルより深くなった場所は「海溝」です。日本列島周辺の最大の海溝は日本海溝で、最深部は八〇二〇メートルです（図8－3参照）。

南海トラフは海のプレートが無理やり沈み込むことによってできた巨大な窪地です。そして、これに沿って「地震の巣」があるのです。

すなわち、南海トラフの南側にあるフィリピン海プレート（海洋プレート）が、日本列島があるユーラシアプレート（大陸プレート）の下にもぐり込んでいます（図8－1参照）。その速度は毎年四センチほどで、海洋プレートが沈み込むにつれて、大陸プレートの先端が引きずり込まれていきます。その結果として、何万年にもわたって歪みがたまっているのです。

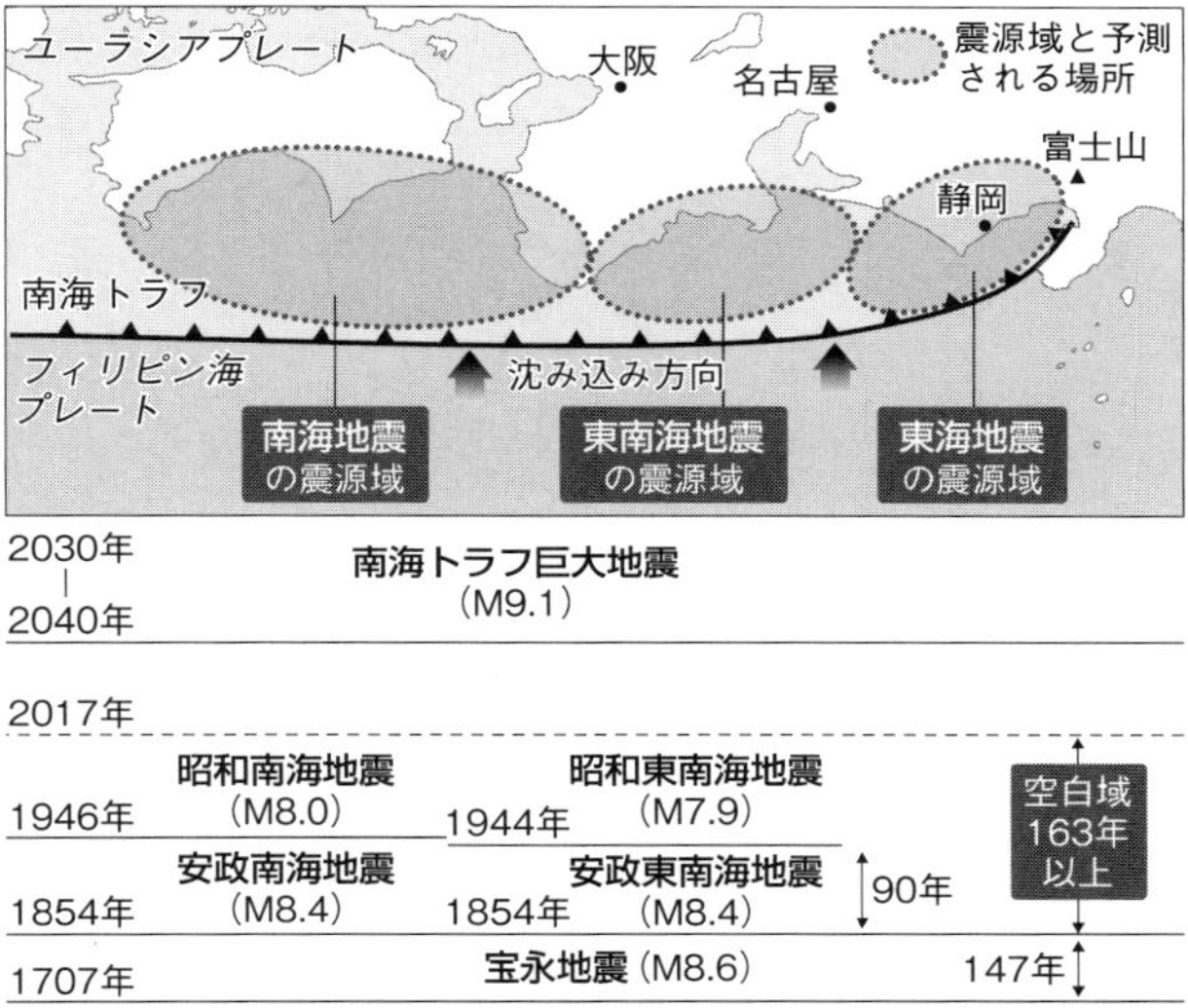

図８－４　東海地震・東南海地震・南海地震が予想される震源域と過去の巨大地震（筆者作成）

こうした歪みが限界に達すると、元に戻ろうとして大陸プレートが一気に跳ね上がり、海底で巨大地震が発生します。これと同時に、真上にある海水を一気に持ち上げるので、大きな津波が発生し沿岸を襲います。いま、しきりに心配されている「南海トラフ巨大地震」です。

図８－４のように西日本の太平洋岸に沿って大きな震源域が見つかっているのですが、これは東西方向で三つの区間に分かれています。それぞれ、「東海地震」「東南海地震」「南海地震」と呼ばれる大地震に対応し、首都圏から九州までの広域に被害を与えると予想されています。

具体的には、静岡県の駿河湾から浜名湖にかけて発生する東海地震、浜名湖から和歌山県の潮岬にかけて発生する東南海地震、潮岬から高知県の足摺岬《あしずりみさき》までの地域で発生する南海地震の三つです。また、地震発生には九〇～一五〇年間隔という周期性があることもわかっています。

巨大地震の発生時期について、過去の事例を見てみましょう。前回は第二次世界大戦の終戦前後で、東南海地震（一九四四年）と南海地震（一九四六年）が二年の時間差で発生しました（図8－4参照）。また、前々回は幕末の時期で、一八五四年（安政元年）にはほぼ同じ場所が一日半（三二時間）の時間差で活動しました。

さらに、三回前の江戸時代中期の一七〇七年（宝永四年）には、三つの場所が数十秒のうちに活動したと考えられています。

また、これらの地震が起きる順番としては、名古屋沖の東南海地震→静岡沖の東海地震→四国沖の南海地震という順であろうと予測されています。

この地域における巨大地震の発生には周期性があり、約一〇〇年というオーダーの間隔で起きています。こうした巨大地震の中で、三回に一回はさらに大きな地震が発生したことが知られています。

東海地震・東南海地震・南海地震も十分に巨大地震と呼べる規模ですが、三回に一回起きるものは「超巨大地震」というべきかもしれません。その例としては、一七〇七年に発生した宝永地震と、南北朝時代の一三六一年に起きた正平《しょうへい》地震があります。

実は、次に日本列島で起きる巨大地震は、この「三回に一回」の番に当たります。すなわち、東海・東南海・南海の三つが同時発生する「連動型地震」という巨大災害を起こすシナリオが予想されるのです。そのため、地震が起きる前から「西日本大震災」と名づけられています。

これまでの震災は発生直後に命名されていましたが、次の南海トラフ巨大地震は起きる前から甚大な災害規模が予測され、名前もついているという特異な巨大地震なのです。

地震の規模を示すマグニチュードはどうなるかを見てみると、三〇〇年前に起きた連動型地震である宝永地震は、マグニチュード8・6でした（図8－4参照）。これは東日本大震災に匹敵する規模であり、それと同じような巨大地震が、今度は西日本で起きるのです。

もしも東海・東南海・南海の「三連動地震」が起きたら、日本経済は破綻する、と予測する専門家も少なからずいます。かりに、東南海地震のあと短時間で東海地震が首都圏を直撃した場合には、国家機能が麻痺する恐れすらあります。あまりにも広域で災害が起きるため、周辺地域からの救援や支援は甚だしく遅れることにもなるでしょう。

南海トラフ巨大地震の被害予測

三連動地震の震源域は、南海トラフ沿いに六〇〇キロメートルもの長さがあります。これは、東日本大震災を起こした震源域と同規模の巨大なものです。

しかも最近、もう一つ西の震源域が連動する可能性があるという新しい研究結果が出ました。一七〇七年には、南海トラフとその南に続く琉球海溝との接続部で規模の大きな地震がありました。すなわち、南海地震の震源域のすぐ西に位置する日向灘《ひゅうがなだ》（宮崎県沖）も連動していたのです（図8－3参照）。

また、四国・近畿圏のはるか沖合で、南海トラフのすぐそばを震源とする地震が起きていたこともわかってきました。これは、東海地震・東南海地震・南海地震の震源域のすぐ南側にあたり、巨大な津波が発生する場所でもあります。

したがって、次回の巨大地震は、先に挙げた三連動地震に震源域が二つ加わった連動地震となる恐れが出てきました。この場合には、震源域の全長は七五〇キロメートルに達し、これまでの想定を超えるマグニチュード9レベルの超巨大地震となる可能性があります。

新しく想定された震源域の面積は一一万平方キロメートルですが、これを過去の巨大地震の例と比べてみると、大きさがよくわかります。たとえば、東日本大震災（マグニチュード9・0）では一〇万平方キロメートル、二〇〇四年にインド洋で起きたスマトラ島沖地震（マグニチュード9・1）では一八万平方キロメートル、二〇一〇年のチリ中部地震（マグニチュード8・5）では六万平方キロメートルでした。これらに劣らず広大な震源域が太平洋沖に予想されていることなります。

こうした結果を踏まえて、最悪の場合の被害想定を国の中央防災会議は試算しました。それによると、関東以西の都府県で最大三二万三〇〇〇人が死亡します。このうち津波による死者が七割を占めるとされています。震源域が広がると、強い揺れだけでなく大津波も発生するからです。コンピュータ・シミュレーションを行ってみたところ、最大三〇メートルを超える津波が予想されています。

さらに、各地の震度想定を見てみると、震度7が静岡県から宮崎県までの一〇県に及ぶ一五一市区町村、震度6強が二一府県に及ぶ二三九市区町村と想定されています。さらに津波に関しては、高知県黒潮町と土佐清水市で最大三四メートルと推計されています。その結果、太平洋岸の八都県で高さ二〇メートル以上の津波が襲ってくるとしています。

次に、経済的な被害は、最大で二二〇兆三〇〇〇億円に達するとされています。これはわが国の国家予算の二年分以上で、東日本大震災の被害総額の一〇倍を超えます。

もし太平洋沿岸がこうした地震と津波に襲われた場合、建物や道路・電力などインフラ、ライフラインの被害は四〇都府県に及び、直接被害の総額は最大約一七〇兆円に達するとされ、その内訳は、最も被害額が大きい愛知県が約三一兆円、次の大阪府が約二四兆円になると試算されています。

こうした被害予測は東日本大震災のケースを参考にし、現在考えられうる最大規模のプレートのすべり量を想定して計算されました。いずれにしても、南海トラフ巨大地震が太平洋ベルト地帯を直撃することは避けられないのです。

南海トラフ巨大地震は約二〇年後に起きる

では、南海トラフ巨大地震の起きる時期について考えてみましょう。南海トラフで起きる巨大地震の連動は、東日本大震災が誘発するものではなく、まったく独立に起きます。

というのは、南海トラフ沿いに起きた巨大地震の過去五回程度の記録を見ると、時間的な規則性があるからです。したがって、「3・11」とは関係なしに、南海トラフ上のスケジュールにしたがって起きると予測されているのです。

過去の経験則やシミュレーションの結果から、発生時期が導かれています。最初に注目すべきは、南海地震が起きると地盤が規則的に上下する現象です。

南海地震の前後で土地の上下変動の大きさを調べてみると、一回の地震で大きく隆起するほど次の地震までの時間が長くなる、という規則性があることに気づきます。これを利用すれば、次に南海地震が起きる時期を予想できます。

具体的には、高知県・室戸岬の北西にある室津《むろつ》港のデータを解析します。地震前後の地盤の上下変位量を見ると、一七〇七年の地震では一・八メートル、一八五四年の地震では一・二メートル、一九四六年の地震では一・一五メートル、それぞれ隆起したことがわかりました。

　この結果、南海地震のあとで室津港はゆっくりと地盤沈下が始まって、港は次第に深くなってゆくのです。そして、次の南海地震が発生すると、今度は大きく隆起します。このため、港が浅くなって漁船が出入りできなくなります。江戸時代から室津港で暮らす漁師たちはこうした現象を知っていて、港の水深を測る習慣があったのです。

　これは海溝型地震による地盤沈下からの「リバウンド隆起」と呼ばれています。一九四六年のリバウンド隆起量一・一五メートルから、次に南海地震が起きるのは二〇三五年頃と予測されます。現代の地球科学者は、江戸時代の漁師による貴重な記録を、来るべき巨大地震の予測に活用しているのです。

　二番目には、地震の活動期と静穏期の周期から、次の巨大地震の時期を推定する方法があります。西日本では活動期と静穏期が交互にやってくることがわかっており、現在は活動期に入っています。たとえば、一九九五年の阪神・淡路大震災は活動期の直下型地震の一例です。

　調べてみると、南海地震発生の四〇年くらい前からと、発生後の一〇年くらいの間に、西日本では内陸の活断層が動き、地震発生数が多くなるので、それを利用して次に来る南海地震を予測するわけです。

まず、過去の活動期の地震の起こり方のパターンを統計学的に求め、それを最近の地震活動のデータにあてはめてみると、次の南海地震は二〇三〇年代後半になると予測されました。

さらに、過去の地震の繰り返しを基にして、これまで観測された地震活動の統計モデルから次の南海地震が起こる時期を予測すると、二〇三八年頃という数字も出ます。

ちなみに二〇三八年頃という年代は、前回の南海地震からの休止期間を考えても、矛盾のない時期です。前回の活動は一九四六年であり、前々回の一八五四年から九二年の間隔で発生しました。これは、南海地震が繰り返してきた単純平均の間隔が約一一〇年であることから見れば少し短い間隔ですが、次も最短で起きると仮定すると、一九四六年に九二年を加えると二〇三八年となるので、可能性がなくはない数字なのです。

巨大地震の発生時期を月日までのレベルで正確に予測することは、いまの技術では不可能です。過去のデータを総合判断して、地震学者たちは二〇三〇年代には次の南海地震が起きると予測しているのです（くわしくは拙著『西日本大震災に備えよ』〈PHP新書〉と『京大人気講義生き抜くための地震学』〈ちくま新書〉を参照してください）。

地学には「過去は未来を解く鍵」というキーフレーズがあることはすでに述べました。これにしたがって日本史を振り返ると、東日本大震災と同じタイプの貞観地震（八六九年）の一八年後に、南海トラフ沿いで仁和《にんな》南海地震と呼ばれる超巨大地震が起きています。こうした事実から地震学者は、そして私も、二〇四〇年までには次の連動地震が確実に起きると予想しています（図8－4参照）。

西日本大震災が太平洋ベルト地帯に住む人々の生活を直撃することは必定なのです。そのため私は講演会や取材など、ありとあらゆる機会をとらえて、みなさんへ警鐘を鳴らしています。日本列島の周辺には四つのプレートがたえずひしめいており、世界的に見ても「巨大地震の巣」と言っても過言ではありません。

巨大地震のタイムリミットは、遅くともいまから二〇年後に迫っています。そのとき、読者のみなさんは何歳になっているでしょうか。被災する地域が日本の産業や経済の中心であることを考えると、西日本大震災は東日本大震災よりも一桁大きな災害になるのです。したがって、日本人にとって最大の課題は、こうして予測された西日本大震災に対して、いかに力を合わせて迎え撃つかです。

実は、南海トラフ巨大地震は発生時期が科学的に予測できるほとんど唯一の地震です。こうした情報をぜひ活用して、必ずやってくる巨大災害を減らしていただきたいと思います。発生前に迅速な避難や対策をとれば、津波の死者の八割は減らせるという専門家の試算もあります。まさに、地学の情報を活用した防災戦略が求められているのです。

前代未聞の直下型地震——熊本地震

こうした状況の中で、二〇一六年四月に九州を襲った熊本地震が、大きな被害をもたらしました。余震が頻発し、かつてない様相をみせている熊本地震には、今後どうなるのかが見えないという不安が募《つの》ります。

この地震は、四月一四日二一時二六分にマグニチュード6・5の「前震」、四月一六日一時二五分にマグニチュード7・3の「本震」という異様な推移を見せました。地上では震度7が二回も起きるという前代未聞の直下型地震が起きたのです。

建物の全半壊、道路の陥没、橋の崩落、ダムの漏水、大規模な地滑りなどの大きな被害が続出し、さらに高層ビルをゆっくりと揺らす、強い「長周期地震動」も観測され、四月一五日午前〇時三分に起きたマグニチュード6・4の「余震」のあとには、ビルの高層階では人が立っていることができないとされる「階級4」の状態が、二〇一三年三月に長周期地震動の観測情報の公表を開始して以来、初めて出現しました。

実は、そもそも中部九州地域には特殊な地質構造が隠れていて、私が長年、研究対象としている地域でもあるのです。私は三〇年前に、まさにこの地域の地質的な構造をテーマにして博士論文を書きました（「中部九州における火山構造性陥没地の形成発達史と地質構造」、一九八七年東

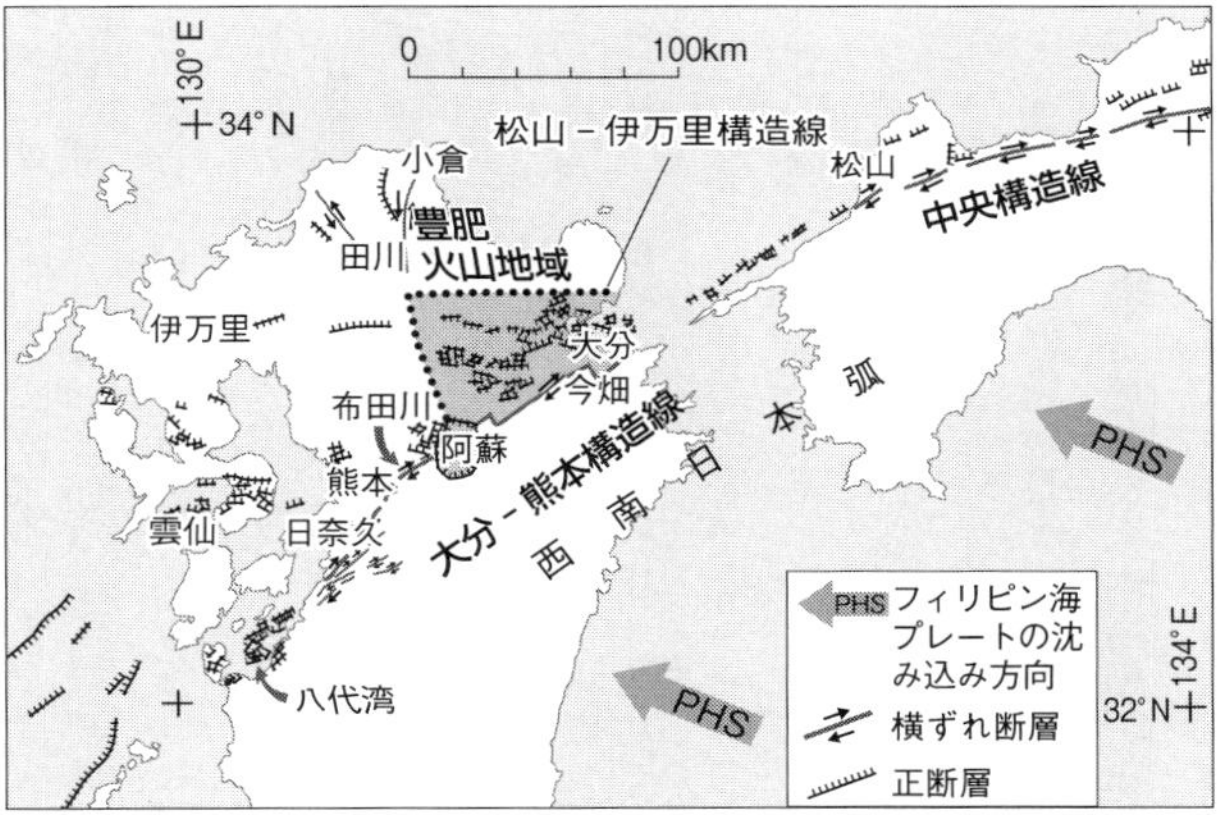

図8－5　豊肥火山地域の地質構造
松山－伊万里構造線、小倉－田川断層帯の南方延長線、そして大分－熊本構造線に囲まれた大分から阿蘇にかけての地域はきわめて特異な地質構造を持っている。この中に活火山が含まれている（筆者作成）

京大学理学博士、英文（三三六ページ）。その後に国際学術雑誌に発表した研究成果もふまえながら、熊本地震の「特殊性」を説明しましょう。

「豊肥火山地域」の特異な地質構造

四月一四日に発生した最初の地震の震源地は、布田川《ふたがわ》断層帯と日奈久《ひなぐ》断層帯という二つの断層帯が接して延びているところでした（図8－5）。

いずれも典型的な「横ずれ断層」で、両者は合わせて布田川－日奈久断層系と呼ばれます。南北方向に引っ張られる力によって、地面が水平方向に動く、第一級の活断層です。

横ずれ断層は、この地域ではきわめて一般的なものです。よって、活断層による大地震の発生確率が高いことは、政府の地震調査研究推進本部も予測していました。しかし、熊本地震では震源の深さが約一〇キロメートル程度と浅かったことから、地上では震度7というきわめて激しい揺れを引き起こす事態となりました。

地質学的にみるとこれらの断層は、東西に横断する「別府－島原地溝帯」という地質構造に沿って地上に出現した活断層群の一部とみなすことができます。

別府－島原地溝帯とは、北東の端である別府湾から、南西の端である島原半島に至る幅二〇～四〇キロメートル、長さ一五〇キロメートルにおよぶ溝状の地域です。その内部には、由布《ゆふ》・鶴見火山、九重火山、阿蘇火山、雲仙火山などの活火山が形成されています（図5－3参照）。

このうち、大分の別府湾から阿蘇火山にかけての東半分は、地震と噴火が絶え間なく起きることで陥没してできた、特異な地域です。

このように大規模な陥没と、大量の火山岩の噴出がほぼ同時に起きた地域は「火山構造性陥没地」と呼ばれています。

そもそも日本列島のなかでも中部九州は、地面が南北に引っ張られている特殊な地域です。その特異さは、構造運動と火山活動が並行して、複合的に起きることにもあらわれています。

そして別府－島原地溝帯の東半分（大分から阿蘇まで）はまさに、古くから地震と噴火を繰り返す、特異な地質の典型なのです。従来は西半分（雲仙から島原まで）とひとくくりにして「別府－島原」とされてきましたが、実は西半分とは異なる構造発達史と火山活動史をたどっていたのです。

そこで私は、別府－島原地溝帯の東半分の地域に対して「豊肥《ほうひ》火山地域」という名称を与えました（図8－5参照）。この名は「豊後《ぶんご》」（大分県）と「肥後《ひご》」（熊本県）にまたがることに因《ちな》んでいます。

大分－熊本構造線は中央構造線の延長

豊肥火山地域は、右横ずれの断層運動によって南北に引っ張られることで、地震と噴火が繰り返されて形成されました。そして、この地域の南縁で断層運動を生みだしているのが、「大分－熊本構造線」と呼ばれる長大な地質構造だったのです。それは、北東から南西方向の断層を境として、地面が水平に動く「横ずれ断層」の集合体です。

熊本地震の前震で震源となった布田川－日奈久断層系も、この構造線の線上にあります。大分－熊本構造線は熊本地震の原因を説明する際に重要です。ちなみに私は博士論文で、この構造線が日本列島をほぼ縦断する大断層「中央構造線」の延長であることを明らかにしました（図8－6）。

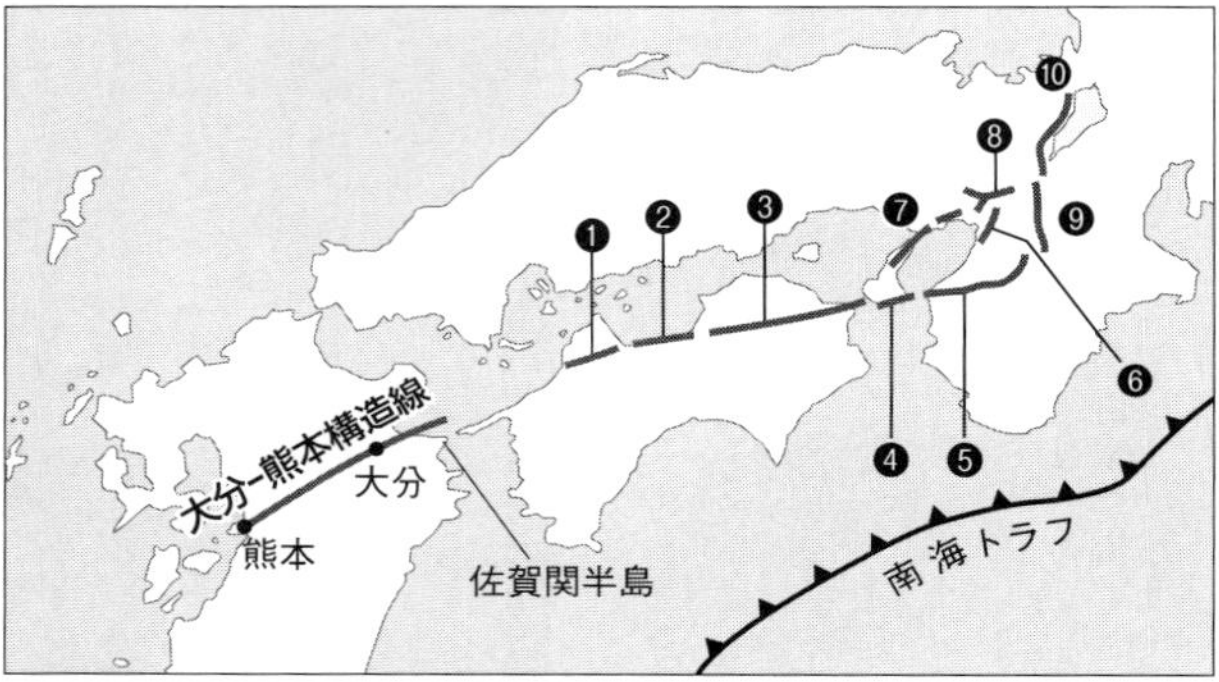

❶〜❺ 中央構造線断層帯
❻ 上町断層帯
❼ 六甲・淡路島断層帯
❽ 有馬－高槻断層帯
❾ 京都盆地－奈良盆地断層帯
❿ 琵琶湖西岸断層帯

図8－6　九州・四国・近畿を横断する巨大な横ずれ断層

九州の大分－熊本構造線は四国から近畿にかけて発達する中央構造線断層帯に連続する。その東の延長には活動度の高い活断層群が数多く存在する（筆者作成）

たとえば、中央構造線の西への延長は、大分県の佐賀関《さがのせき》半島に繋がります。そして、布田川－日奈久断層系の活動は、豊肥火山地域の火山活動と密接に関連していたのです（図8－5参照）。

とくに約六〇〇万年前に開始した大規模な火山活動は、現在見られる活火山に連続しています。また、火山活動は正断層をつくる地震活動を伴い、活断層の原因にもなりました。両者の活動は今後を予測する鍵ともなるでしょう。

プル・アパート構造と右横ずれ運動

では、火山と地震が連動して起きる活動が、なぜこの地域で始まったのでしょ

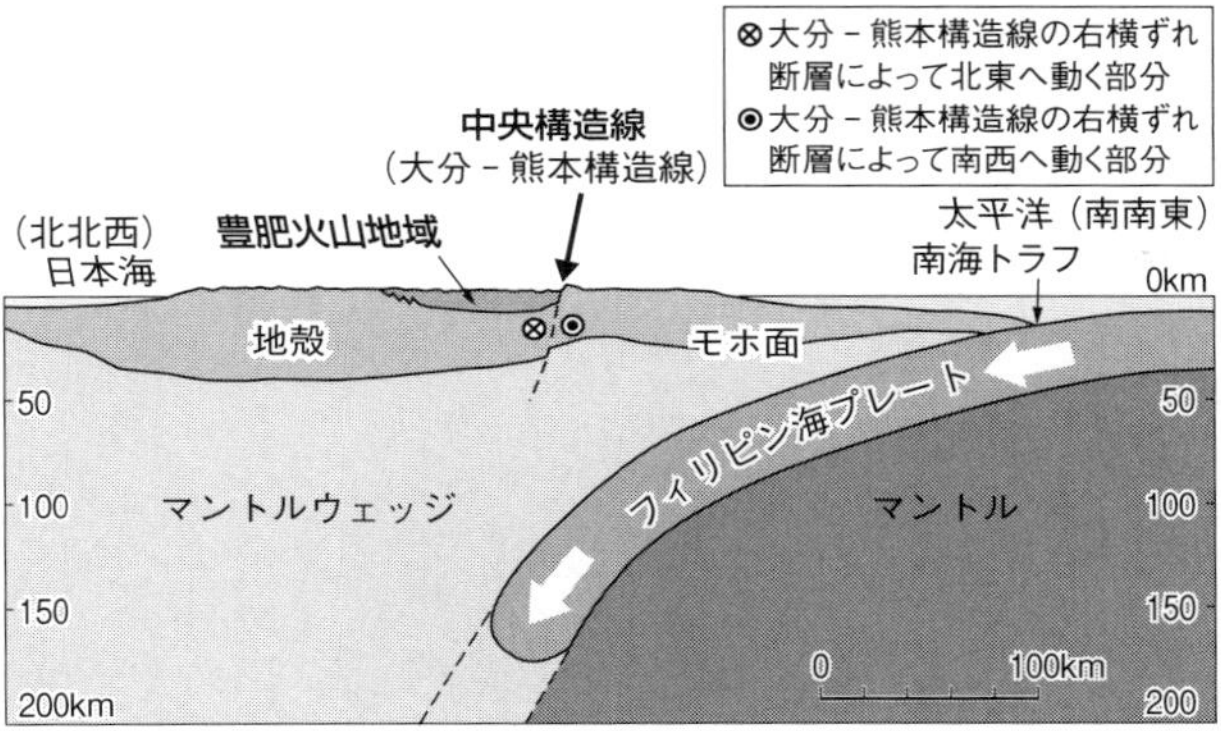

図８－７　豊肥火山地域・大分－熊本構造線とフィリピン海プレートの断面

フィリピン海プレートの沈み込みが、中央構造線（大分－熊本構造線）の断層をつくり、火山構造性陥没地としての豊肥火山地域の構造運動と火山活動を引き起こしている（筆者作成）

うか？　最初に「重力異常」と呼ばれる地球物理学のデータを用いて、豊肥火山地域全体の地下構造を推定してみましょう（図８－７）。

　重力異常とは、ある地域の標準的な重力の値と、実際に得られる実測値との差のことで、重力異常から地下深部の地質構造を知ることができます。

　たとえば、地下に高密度の物質があると実測値は標準値より大きくなり、反対に低密度の物質があれば実測値は小さくなるのです。

　くわしい解析の結果、大分－熊本構造線の北側には「プル・アパート構造」があることがわかりました。プル・アパート構造とは、地面が水平方向に引っ張られることで岩盤に割れ目が生じて、陥没地ができる構造をいいます。このときに右横ずれ運動が起こり、布田川－日奈久断層系ができる原因ともなったのです。

さらに、豊肥火山地域では重力が負の異常を示すことがわかりました。これは、六〇〇万年間にわたって密度の小さい火山噴出物が陥没地を埋め立てたことで生じたものです。

簡単にまとめて言うと、熊本地震の要因は、豊肥火山地域でおきた長年の運動を反映しており、約六〇〇万年前から始まっていたものなのです。

では、このプル・アパート構造をつくった右横ずれ運動の原動力となっているのは、何でしょうか。それは第4章で紹介したプレート・テクトニクスによって説明できます。

繰り返しますが日本列島では、太平洋プレート、ユーラシアプレート、北米プレート、フィリピン海プレートという四つのプレートが互いにせめぎ合っています（図8－1参照）。そして結論を先に述べると、右横ずれ運動の原因は、フィリピン海プレートのユーラシアプレートに対する「斜め沈み込み」だったのです（図8－7参照）。以下でくわしく説明しましょう。

南海トラフ巨大地震との関係は？

現在、フィリピン海プレートは北西方向に移動しながら、琉球弧の北部に対してほぼ垂直に、また西南日本弧に対して斜めに沈み込んでいます（図8－8）。この動きが大分－熊本構造線の

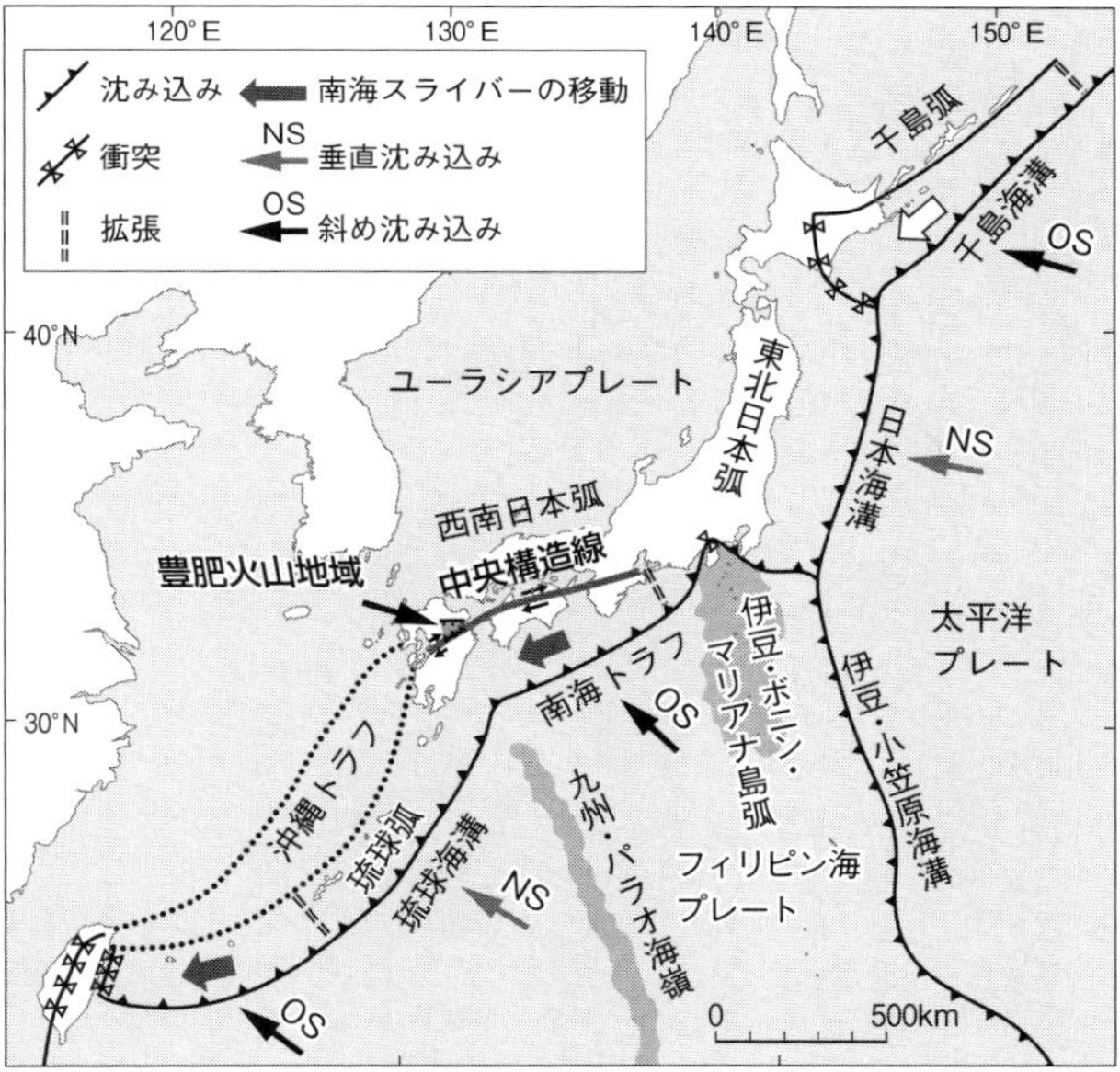

図8－8　フィリピン海プレートの斜め沈み込み
日本列島周辺には４枚のプレートが接しており、フィリピン海プレートは北西方向に沈み込んでいる。この運動が中央構造線の横ずれ断層運動の原動力であり、また約600万年前の豊肥火山地域の活動開始をもたらした（筆者作成）

右横ずれ運動を引き起こしたため、豊肥火山地域では大規模な陥没が始まりました。

そして、陥没域では大規模な割れ目噴火が起こり、世界でも珍しい火山構造性陥没地を形成したのです。また、右横ずれ運動にともなって南北に拡大することで、豊肥火山地域は北東方向へ押し出され、地上に東西方向の正断層群が発達しました。

フィリピン海プレートの沈み込みは一五〇〇万年ほど前から断続的に起きており、九州の地殻変動を支配する最大の原動力となっています。

とくに約六〇〇万年前からプレートの沈み込みが速くなり、現在の速度（一年あたり約四センチメートル）に達しました。こうした作用によって大規模な火山・地震活動が始まったと考えられます。

熊本地震を引き起こした布田川－日奈久断層系は、地盤の長期的な歴史がわかっている数少ない活断層です。一方で、こうした地質構造は判明していたものの、近年は大地震が起きていなかったので、不意打ちを受けてしまいました。

大分－熊本構造線上の地震は、われわれ専門家が予想していた現象と、まったく予想できなかった現象とを同時に起こしながら、震源域を北東方向へ拡大しています。今後の展開については、現時点（二〇一七年）でもまったく予断を許さない状況です。リアルタイムで進行する地学現象を解読するためには、本章で紹介した地質構造の理解がベースになるのです。

なお、内陸の地震活動が、南海トラフ巨大地震を誘発するかどうかも懸念されています。中央構造線やフィリピン海プレートとの強い関連性を示したので、心配に思われたかもしれません。

しかし、熊本地震は南海トラフ巨大地震を「誘発」するものではありません。南海トラフ巨大地震の震源域は豊肥火山地域から数百キロメートルも離れているので、直接的に地震の引き金を引くことはないと考えられます。

　ただし、いまから二〇年ほど後に起きる南海トラフ巨大地震に向けて、内陸の直下型地震が増えるプロセスにあることは確かです。熊本地震はそのあらわれのひとつという解釈は、十分に可能でしょう。

　私は京都大学で地学を教えている学生と院生にも、ここに書いたことを全力で伝えようとしています。というのは、南海トラフ巨大地震は、どうしても彼ら若者たちの人生と交差せざるを得ない未来の「大事件」だからです。

「3・11」以後の日本列島は地盤そのものが変化してしまい、地震も火山も活動期に入りました。もともと世界屈指の変動地域にあったわけですが、いまやそれなりの準備と覚悟が必要な段階に入ってしまったのです。オールジャパンで力を合わせて、「国難」に対処してゆかなければなりません。

　人は経験のないことに直面するとパニックに陥りやすいものです。遠回りのようでも、地震に関する正確な知識や防災上の要点を事前に把握していることが、いざというときに役立ちます。

　イギリスの哲学者ベーコンが説いたように「知識は力」なのです。地学に関する最新の情報を得るとともに、変化する状況に対応できる柔軟さを身につけて、二〇年後に向けて準備していただきたいと願っています。

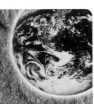

コラム⑧

地学で学んだことを生かせる仕事にはどんなものがありますか？

地学を生かせる仕事は、きわめて多くの分野にまたがっています。地学ほどたくさんの就職先がある分野はないと言っても過言ではないでしょう。

地球は人類が生存する基盤であり、地下資源、水、食糧のみならず貴重な居住空間を与えてくれるかけがえのない大地です。その成り立ちと歴史を教えてくれるのが地学です。たとえば、世界の経済を左右する石油・石炭・天然ガスなどエネルギー資源の確保は、固体地球の基礎研究なくしては進みません。

さらに、現在の人類にとって、生存に関わる最重要課題は、地球環境問題です。これには大気や海洋など、流体地球の動きを解明しなければ、予測と制御はおぼつきません。ここに潜在するビジネスチャンスを狙う企業は多く、そのトップを走っている日本の企業は少なからずあります。

さらに、先進国が先を争うように予算を投入し、先鞭をつけようと画策している宇宙開発も、地学の大きな分野です。地球だけを見ていては解決できないことも、太陽系内の惑星として地球を研究することで、さまざまな現象に対処できるからです。

ここでも「地学」が活きる。2000年の三宅島噴火のとき、火山灰を調査する火山学者（伊藤順一氏による）

最後に、動く大地に住む私たちにとって、地震と火山噴火は地学の第一級のテーマです。現在では地震防災と火山防災に取り組む行政機関が、地学の専門家をたくさん求めています。とくに、「大地変動の時代」が始まったわが国では、社会のニーズは高いにもかかわらず、人材の供給が少ないことが喫緊の課題なのです。

実は、地学を生かす仕事ではなくとも、地球全体をまるごと一つの「システム」として理解する地学の発想をもつ学生は、どの職種でも重宝されます。ここでいうシステムとは「複数の構成要素からなり、それぞれが相互作用する系」のことで、個別ではなく全体を一つのシステムとして見るという点がポイントです。

地球にまつわる諸現象は、それぞれの構成要素を単純に足しあわせれば理解できるものではありません。

地学で学んだことを生かせる仕事にはどんなものがありますか？

そこで、システムとしてマクロに見る視座こそが、地学の「真骨頂」です。この視座は現在、どのような仕事をするうえでも非常に重要になってきています。したがって、地学をきちんと学んだ学生は、いつの時代も「金の卵」なのです。

第9章 巨大噴火のリスク

——脅威は地震だけではない

1991 年にフィリピン・ピナトゥボ火山で起きた大噴火。大量の火山灰と火砕流を噴出し、山頂にはカルデラ湖が誕生した（USGS 提供）

わが国は地震国であるだけでなく、世界屈指の火山国でもあります。日本列島が陸地面積では世界の四〇〇分の一にしか過ぎないことは前述しましたが、その小さな国に、地球上の活火山の実に七パーセントがひしめいているのです。

噴火は人間生活に大きな影響を与える自然現象です。火山灰や溶岩流の災害を起こすだけでなく、ときには文明を滅ぼすことさえあります。前述したように、このような噴火は「巨大噴火」もしくは「破局噴火」と呼ばれ、大量のマグマが短期間に地表へ噴出する場合に起きるものです。そのため大規模な火砕流が発生し、高温のマグマが高速で地上を走り抜けるのです。

具体的には、摂氏八〇〇度もの高温のマグマを含む粉体流が、時速一〇〇キロメートル以上で地上を駆け抜けます。これまで知られた最大の例（九万年前の阿蘇火山）では、火口からの距離一五〇キロメートルの途上にあるすべてのものを焼き尽くしました。

大量のマグマが噴出したあとの地上には、大きな穴が空きます。「カルデラ」と呼ばれる巨大な凹地で、大規模な火砕流が出た際には必ず地上に残されるものです。数百立方キロメートルものマグマが数日で噴出したために起きる現象です。

こうしたカルデラが日本列島には数多く確認されています。なかには、これから活動する可能性があるカルデラも、八個ほど確認されています（図9－1）。これらは最近一〇万年以内に形成されたもので、そのたびに激甚災害を発生させてきました。

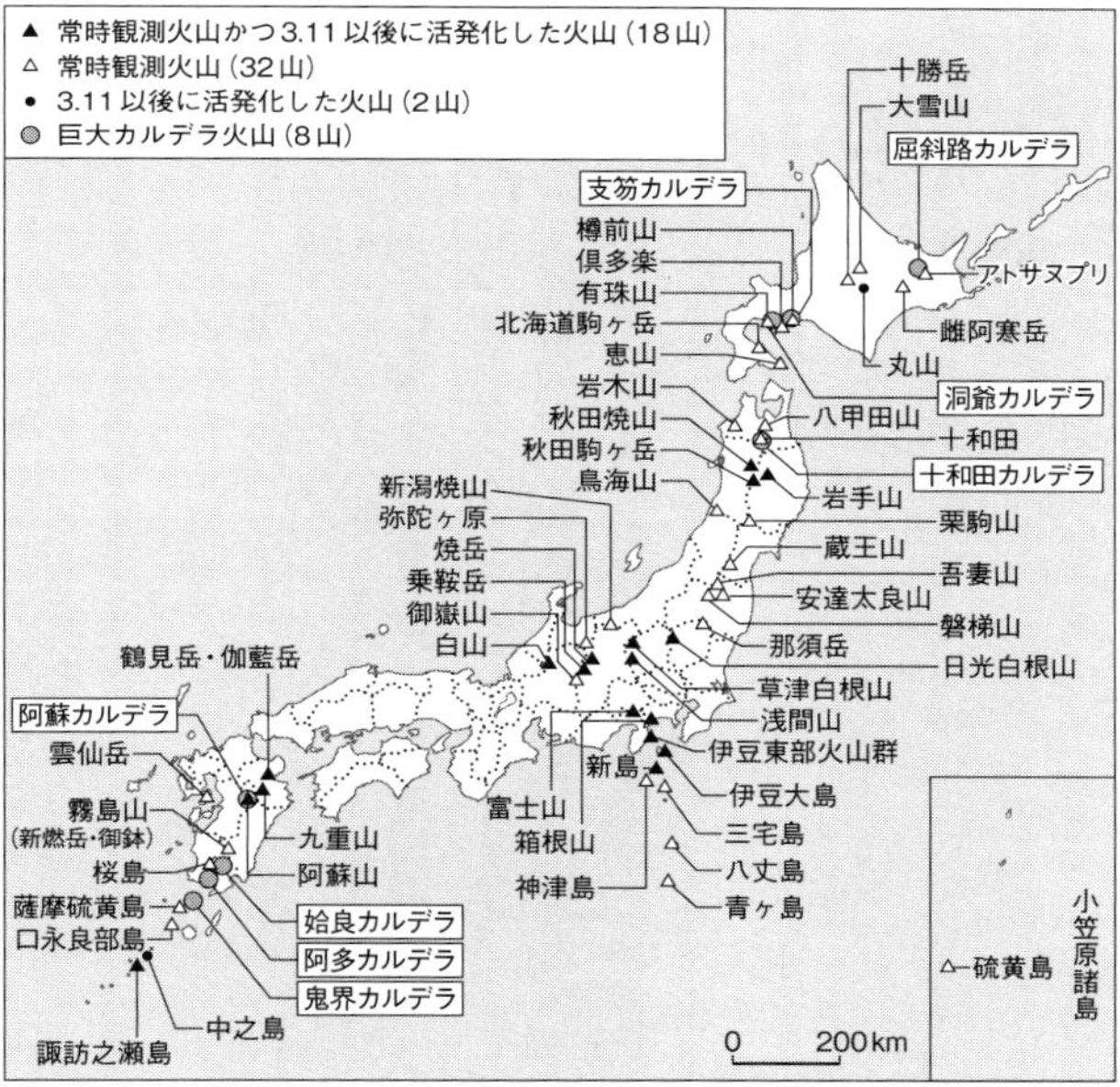

図9－1　日本列島の巨大カルデラ火山・常時観測火山・「3.11」以後に活発化した火山（気象庁のデータをもとに筆者作成）

大噴火期に入った桜島

　大規模火砕流を噴出したカルデラは、九州・北海道・東北に集中しています。最近の例としては、七三〇〇年前に鹿児島の沖合にできた鬼界《きかい》カルデラと、二万九〇〇〇年前の鹿児島湾内で生じた姶良《あいら》カルデラがあります。

　二つの噴火ではいずれも、高温の火砕流が九州を広範囲に覆い、上空へ噴き上がった火山灰が、偏西風に乗って東北地方まで飛来しました。そ

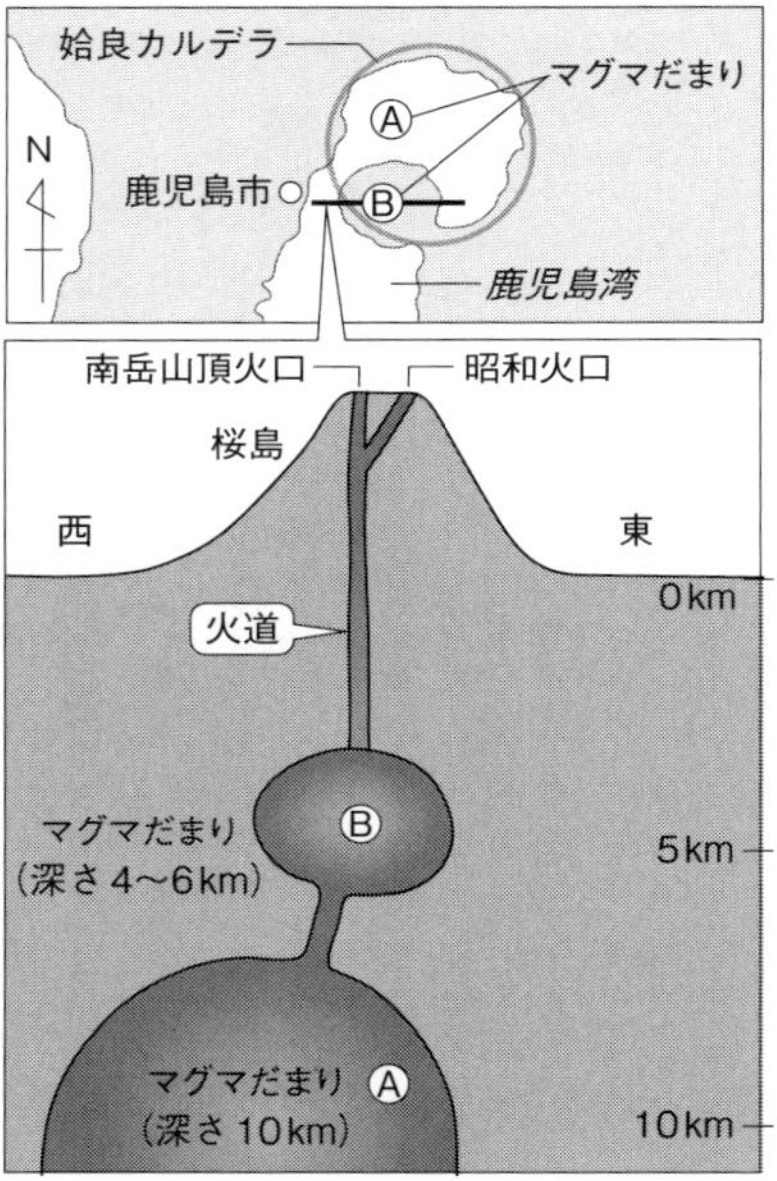

図9－2　姶良カルデラと桜島のマグマだまりの概念図（朝日新聞による図を一部改変）

の結果、九州から東北までの日本全土が灰まみれになったのです。

実は、姶良カルデラは現在も噴火を続けている桜島の大元にある巨大火山です。鹿児島市の一〇キロメートル東の海上にそびえる桜島は、姶良カルデラの南端にできた最新の火山活動なのです（図9－2）。そして、鹿児島湾北部にある円形の地形は、二万九〇〇〇年前の巨大噴火によって陥没してできたカルデラの名残なのです。

ちなみに、桜島はいまから一〇〇年ほど前の一九一四年一月に大噴火しました。このときは桜島の東麓と西麓に開いた複数の火口から大量のマグマが噴出し、西部では高温の火砕流が発生しました。

約八時間後には、マグニチュード7・1の大地震が起こり、鹿児島市街を直撃しました。その結果、五八人の死者・行方不明者が発生し、一二一棟の家屋が全壊しました。大正三年に起きたことから「大正噴火」と呼ばれている噴火です。

噴煙は高度八〇〇〇メートル以上に達し、山麓では一日に厚さ二メートルの火山灰が降り積もりました。火山灰はさらに上空一一キロメートルの成層圏にまで上昇し、西日本上空を経て東北地方まで広がったのです。

この噴火はなんと一年以上も継続し、噴出物の総量は、一七〇七年の富士山宝永噴火を上回り、一九九〇年の雲仙普賢岳噴火の一〇倍にも達する三〇億トンにまでなりました。桜島でこうした大規模な噴火が起きたのは、江戸時代（一七七九年）の安永噴火以来、一三五年ぶりでした。

現在、桜島南岳の五キロメートル下にはマグマだまりがあり、鹿児島湾の中央にある巨大なマグマだまりへ火道が連続しています。姶良カルデラ中央部のマグマだまりには年間一〇〇〇万立方メートルのマグマが蓄積し、一部のマグマが桜島南岳へ供給されてきました（図9－2参照）。

姶良カルデラでは噴火が近づくとマグマだまりが膨張し、周辺地域の地盤が隆起します。その後、噴火が起こってマグマだまり中のマグマが減ると、地盤は沈下します。上下動が噴火のたびに繰り返されるため、こうした変動をくわしく観測することによって、姶良カルデラのマグマ活動を監視しています（第4章末のコラム参照）。

一九一四年の大正噴火の前にも隆起が起こり、噴火直後に八〇センチメートルの沈下が起きました。その後はいまに至るまで、マグマだまりへの供給を表す微弱な隆起が観測されています。このことは、次の大噴火への準備が進んでいることを意味しているのです。

現在は、大正噴火で出た量の九割に相当する量まで、マグマは回復しています。二〇二〇年代に入ると、マグマの量は大正噴火のレベルまで達すると予測されています。蓄積量が大正噴火並みになれば、同程度の噴火がいつ発生しても不思議ではありません。

次の噴火規模と場所の予測は容易ではありませんが、現在の活動から見て、昭和火口付近で噴火する可能性が高いと考えられています。すなわち、桜島火山が大噴火を起こす時期に入ったことを警戒する必要があるのです。

九万人が犠牲となった巨大噴火

大規模な火山噴火は、気象災害も引き起こします。一八一五年四月、インドネシアのスンバワ島にある活火山タンボラ火山が約五〇〇〇年ぶりに起こした大噴火がその例です。

この噴火では最初に、上空三〇キロメートル以上も軽石と火山灰が立ち昇りました。成層圏の上にまで、火山噴出物が突き抜けたのです。その後、軽石と火山灰が大量に地上に降りそそいだあと、高温の火砕流が山の周囲へ流れ出しました。さらに、この火砕流が海へ突入したことで津

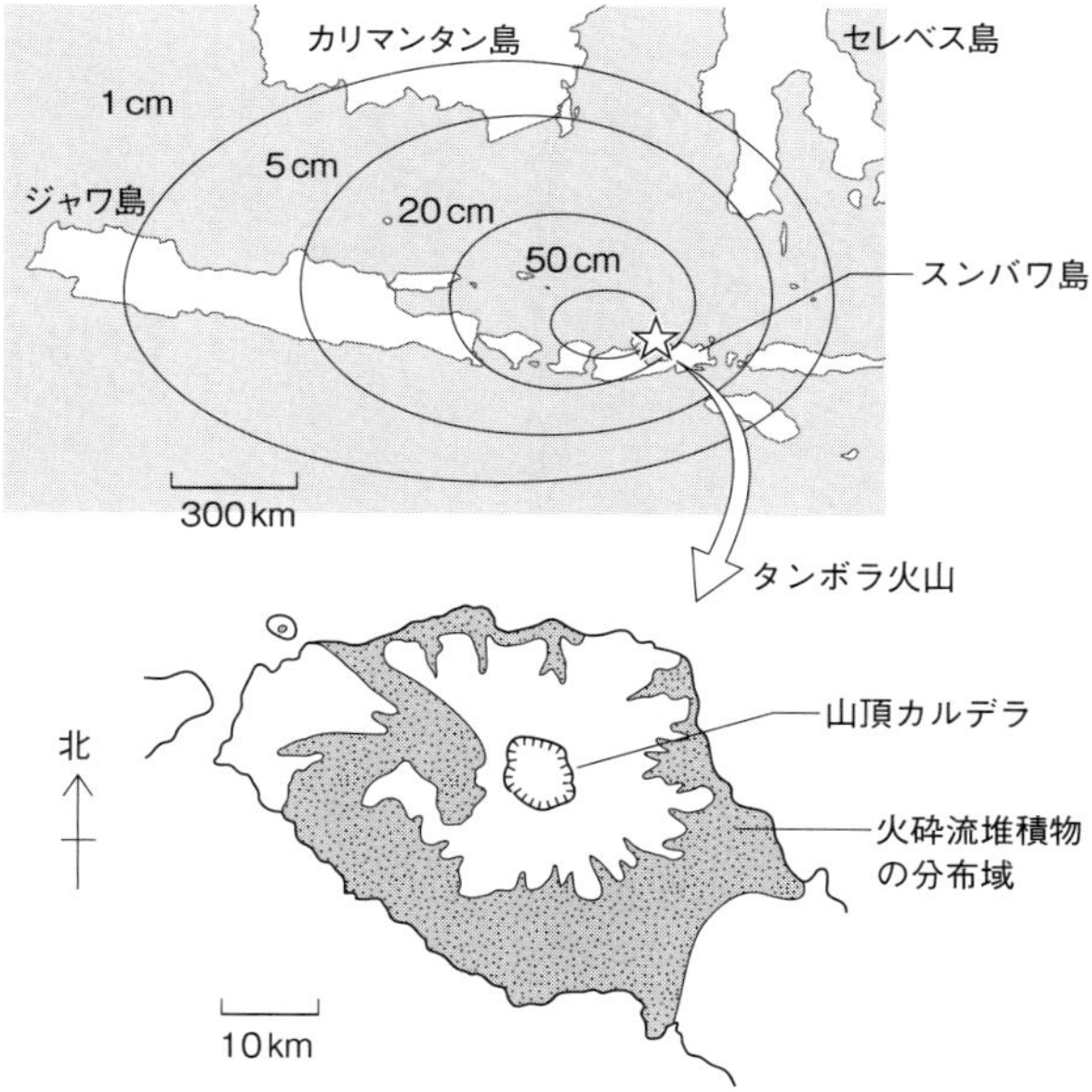

図9－3　1815年に噴火したタンボラ火山の火砕流堆積物の分布（下）と降り積もった火山灰の厚さ（上）
（町田洋氏による図を一部改変）

波が発生し、スンバワ島周辺の海岸を襲いました（図9－3）。

　大量の火山灰は、六〇〇キロメートル離れたジャワ島の集落にまで降り積もりました。舞い上がった火山灰によって、昼間でも薄暗い状態が続きました。さらに、成層圏まで達した火山灰は、ジェットストリームによって全世界へ拡散していったのです。

　この噴火によって地上に出たマグマの量は、五五立方キロメートルと積算されています。これは琵琶湖にたまった水の倍近い量に当たる、観測史上最大の噴出量でした。噴火が終わったあとの火山には、直径六キロメートルの巨大なカルデラができました。

スンバワ島の住民一万二〇〇〇人のほとんどは、この噴火の犠牲となり、生存者は二六人のみであったと記録されています。

しかし、この犠牲者数はごく一部に過ぎなかったのです。広域に降り積もった火山灰により、大飢饉や疫病が発生したからです。その死者を加えた犠牲者の総計は、九万人以上となりました。タンボラ火山の噴火は有史以来最大の火山災害をもたらしたのです。

世界中で夏が消えた

この噴火ではさらに、翌年の一八一六年から、ヨーロッパと北アメリカでこれまでにはなかった気象災害が起きました。その年、アメリカ東部ニューイングランド地方ではついに夏が来なかったため、「夏のない年」と呼ばれています。

六月になっても雪が降り、湖沼は凍っていました。さらに八月にもかかわらず山地には雪が残り、平地には霜がおりました。流氷の残るカナダのハドソン湾では船舶が動けなくなりました。

この年は降水も極端に少なく、トウモロコシなどの穀類がほとんど収穫できませんでした。こうした異常気象は翌年まで続いたため、米国東部の農民たちは西部の開拓地へ移住していきまし

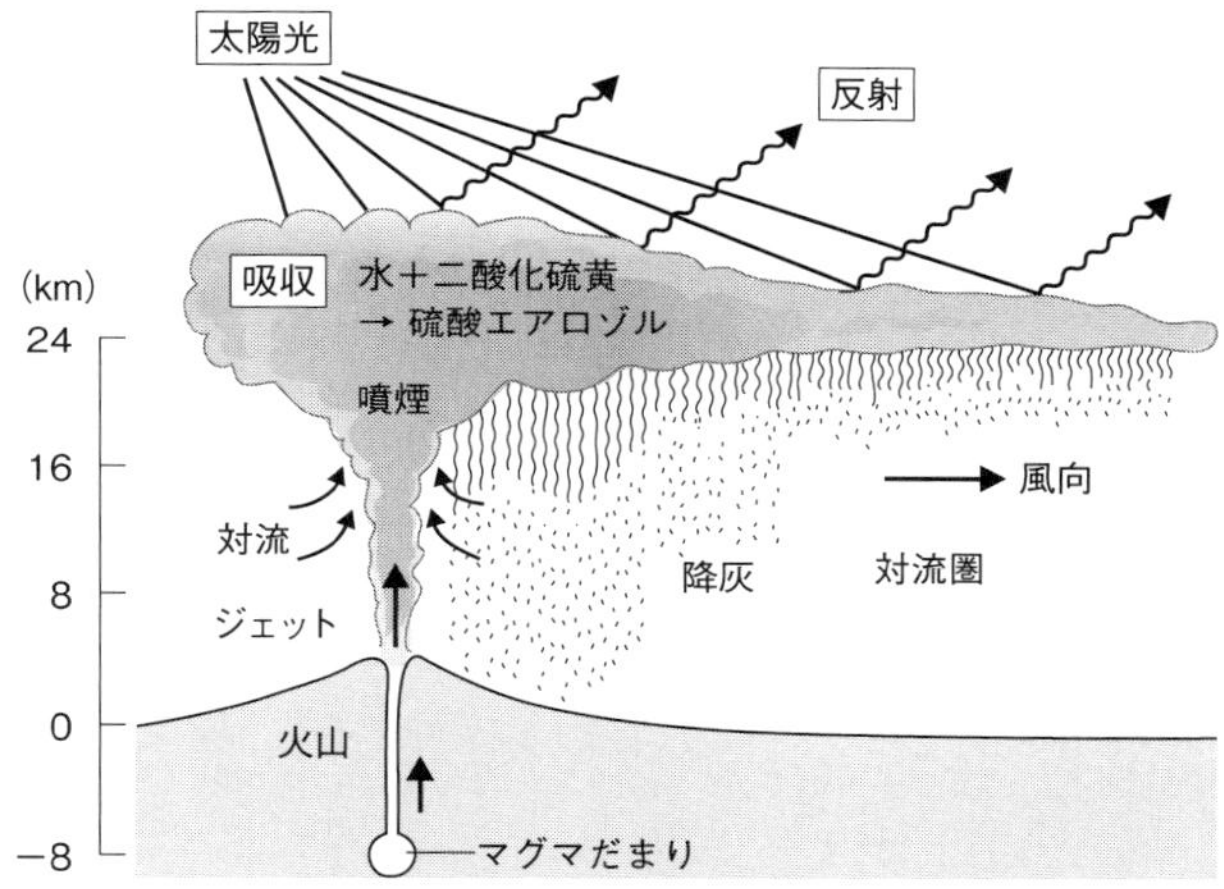

図9－4　火山灰の大量放出がもたらすさまざまな現象
（高橋正樹氏による図を一部改変）

た。これがアメリカの西部開拓の契機の一つとなったともいわれています。まさに巨大噴火が、間接的に文明史を変えたのです。

ヨーロッパ大陸でも冷夏が襲ってきました。イギリスやスイスには夏でも冷たい雨が降り続き、イギリスでは数百年来の最低の平均気温を記録しました。

また、この数年間のヨーロッパの夕焼けは異常に赤い色をしており、イギリスのロマン主義の画家ジョゼフ・マロード・ウィリアム・ターナー（一七七五～一八五一）が風景画にこうした夕焼けを描いています。

この現象は、タンボラ火山から飛来したごく細粒の火山灰と硫酸ミストが、空の青い色を吸収したため起きたものです（図9－4）。成層圏にまき散らされた火山灰は地球を周回し、何年も地上に降りてきません。この間に太陽光が遮られるため異常低温が続き、深紅の夕焼けが観察されたのです。

白頭山の「史上最大の噴火」

噴火災害としては、日本を取り巻く近隣諸国の火山にも危険なものがあります。北朝鮮と中国の国境にある白頭山《ペクトウサン》は、巨大噴火を繰り返してきた活火山として火山学者の間では有名です（図9－5）。

標高二七四四メートルのこの火山は、頂上付近に天池《テイエンチ》と呼ばれる美しい火口湖があります。中国側は「長白山」と呼ばれており、十大名山の一つに数えられ、国立公園にも指定されています。周辺は温泉が湧き出る屈指の観光名所です。一方の北朝鮮では、白頭山は最初の朝鮮国をつくった王が生まれた場所とされ、さらに北朝鮮を建国した金日成国家主席がゲリラ活動の拠点とし、息子の金正日総書記の生地ともされていることから、聖なる地ともいわれています。

その白頭山が一一〇〇年前、有史以来では最大という噴火を起こしたのです。

ちなみにこの一〇世紀という時代は日本でも、青森・秋田県境にある十和田湖（十和田火山）が、九一五年に大噴火を起こしています。地層に残された火山灰をくわしく調べると、高温の火砕流が東北地方北部を埋め尽くし、焼け野原にしたことがわかりました。その約三〇年後の九四

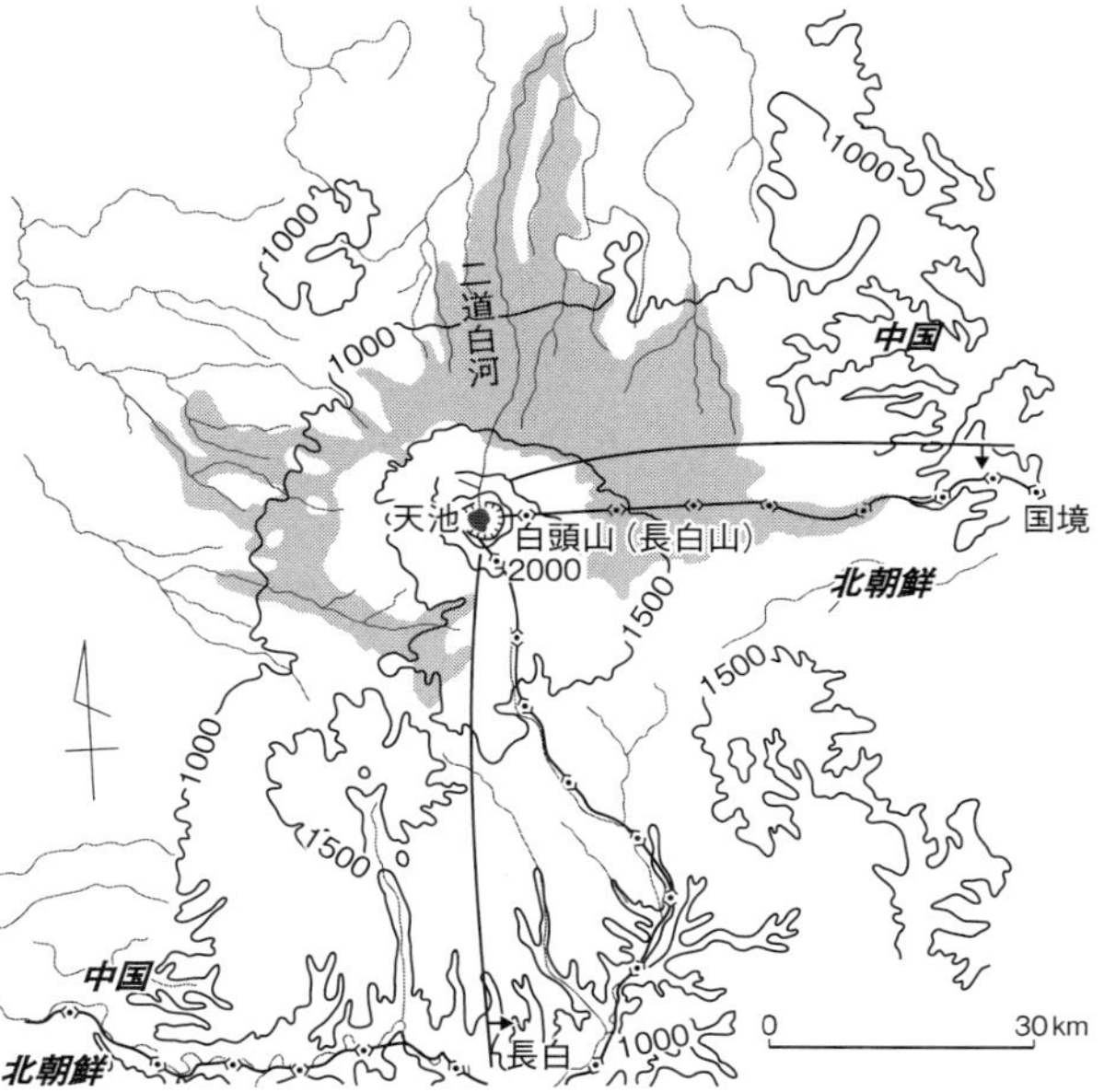

図9－5　946年の噴火で白頭山から噴出した火砕流堆積物の分布（グレーの部分）と、火山灰の飛来した範囲（太い実線がその縁）
（町田洋氏と白尾元理氏による図を一部改変）

六年に、白頭山が十和田火山よりさらに大規模な噴火を起こしたのです。ただし日本と中国の噴火には関連性は認められません。

実は、世界中の噴火の歴史を調べても、このときの白頭山の噴火を上回るものは、その後には発生していません。地質学者が火山灰など地層に残された記録、すなわち「古文書」を丁寧に読み解くと、驚くべき噴火の姿が明らかになってきました。

白頭山噴火で起きたこと

最初に、白頭山の山頂から火柱が立ち昇り、上空二五キロメートルまで火山灰を噴き上げました。それとともに、摂氏七〇〇度を超える火砕流が噴出し、火口から半径一〇〇キロメートルの地域にまで流れ下りて、一帯を焼き尽くしたのです。

さらに、大量の火山噴出物が川を氾濫させ、大規模な土石流が麓を襲いました。その結果、四〇〇〇平方キロメートルを超える森林が破壊されました。

山頂から大量のマグマが出た結果、火口には周囲二キロメートルの大きな凹地ができました。白頭山カルデラと呼ばれるものです。このとき噴出したマグマの量は、西暦七九年に古代ローマのポンペイを壊滅させたヴェスヴィオ火山のマグマの約五〇倍にも相当するものでした。

こうした巨大噴火が起きると例外なく、火山灰は空高く舞い上がります。アジア上空では偏西風という強いジェット気流がたえず吹いています。大量の火山灰はこの風域に突入して、西風に乗りはじめました。東方へ流された火山灰は、日本海を一〇〇〇キロメートル渡って北海道と東北地方に達し、そこで五センチメートルも降り積もったのです（図9-6）。

かつて北海道を調査していた火山学者がこの火山灰を見つけて「苫小《とまこ》牧《まい》火山灰」と名づけました。地質学の手法に則り、最初に発見した地名をとって命名したものです。ところがそののち、

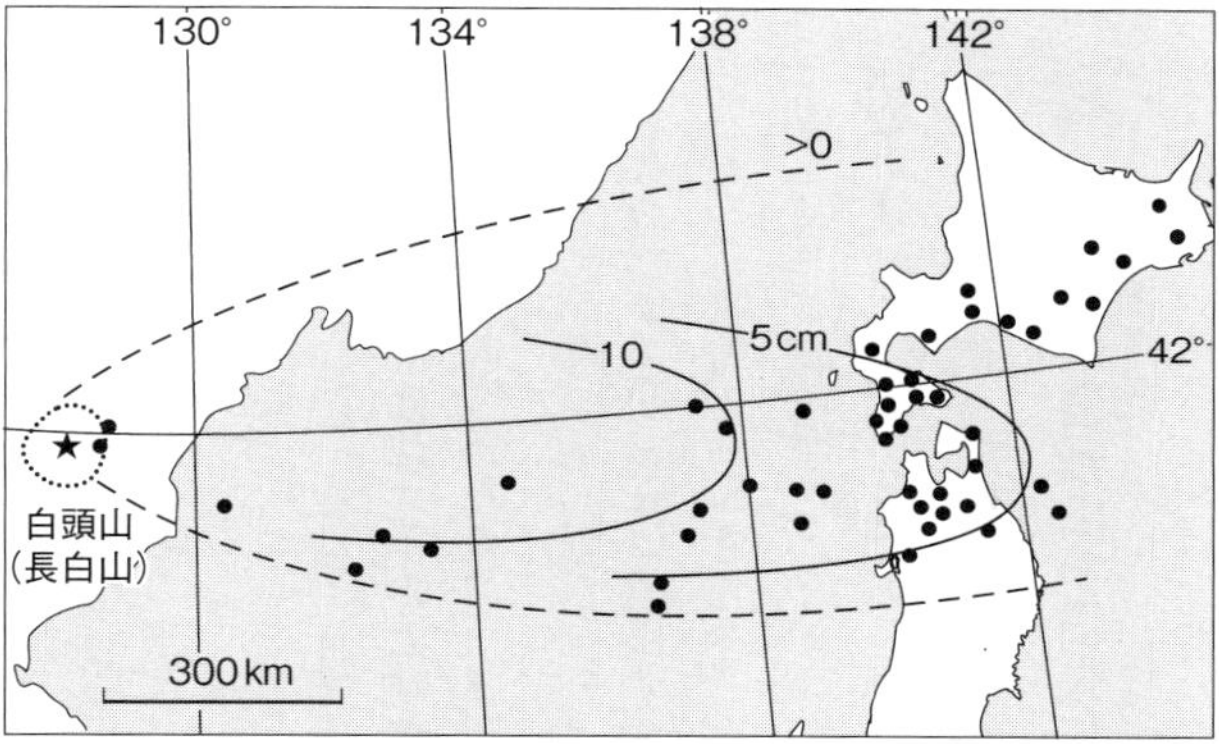

図9－6　白頭山の946年の噴火で飛来した白頭山－苫小牧火山灰の厚さ

黒丸は地表で火山灰が確認された地点と、日本海のボーリングコアで確認された地点（町田洋氏と白尾元理氏による図を一部改変）

火山灰は興味深い展開をたどることになります。

日本海の海底でボーリング調査が行われたところ、多くの地点で白色の火山灰層が見つかったのです。これらがどこから飛来したのか知るために、さまざまに分析された結果、これらは日本産の火山灰とは化学成分が異なり、かつ中国大陸に近づくにつれて火山灰層が厚くなることが判明しました。供給源をたどると、中国・北朝鮮国境にある白頭山から飛来したらしいと推定されたのです。

その後、苫小牧火山灰、日本海の火山灰、白頭山をつくる岩石の三者が、いずれもアルカリ長石という特徴的な鉱物を含むことから、同じ噴火の産物、すなわち白頭山から噴出したものであることが突きとめられました。由来がわかった現在では、苫小牧火山灰は「白頭山‐苫小牧火山灰」と改名されています。

白頭山は小規模なものも含めると、一〇〇年に一度くらいの割合で噴火を繰り返してきました。たとえば、一五九七年、一六六八年、一七〇二年、一八九八年、一九〇三年には、少量のマグマを噴出しています。

一方で、約一〇〇〇年に一度の割合で巨大噴火を起こしていて、大量のマグマを放出しました。そして現在、九四六年の大噴火からすでに一〇〇〇年以上が過ぎています。白頭山の地下にはいま、一〇〇〇年分のマグマが溜まっている可能性があるのです。

九四六年の大噴火は、先に述べたタンボラ火山の噴火の規模を凌《しの》ぐものでした。もし白頭山に蓄積されたマグマが一度に噴出すれば、再びそうした火山災害が発生する恐れがあります。

しかも一〇世紀の当時と比べると、現代社会のほうがはるかに大きな打撃をこうむるのは必定です。とくに人口増加とハイテクによって脆弱になった都市機能がどうなるかを考えておかなければなりません。

そこで以下では、今後、白頭山が噴火したらどのような状況が起きるかを予想してみましょう。

もしまた白頭山が噴火したら

近い将来、一〇世紀と同規模の噴火が起これば、文字通り大惨事となることは確実です。山麓にある北朝鮮と中国東北部は、大量の噴出物によって壊滅的な被害を受けます。しかも災害は、マグマによるものだけではありません。噴火が始まるとすぐ、頂上の火口湖から二〇億トンの水が流れ出し、大規模な洪水が襲ってくるのです。

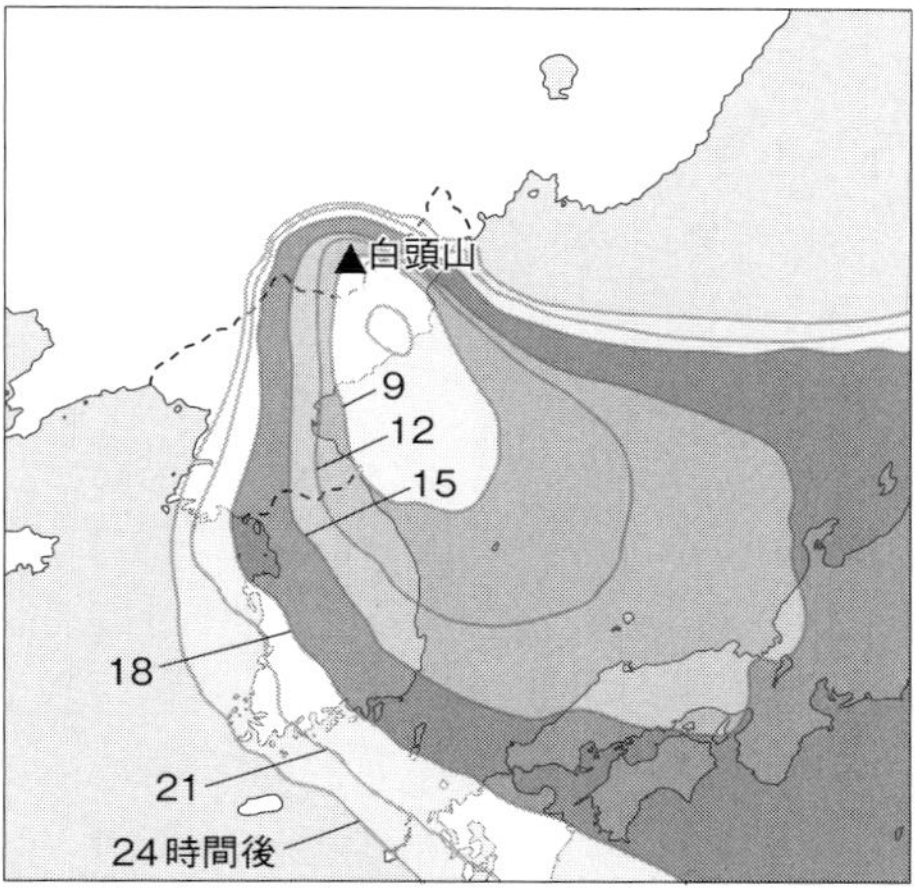

図9－7　白頭山の噴火から24時間後までの火山灰の拡散状況
最外部の曲線が24時間後の降灰地域で、３時間ごとに降灰地域の拡大を示す
（産経新聞による図を一部改変）

　また、遠く離れた韓国と日本でも、降灰にともなう災害が起きます。大気拡散モデルを用いてシミュレーションすると、冬に噴火すれば偏西風の影響で火山灰は東南へ拡散すると予測されます（図9－7）。具体的には、八時間で鬱陵《うつりょう》島に到達し、一二時間後に山陰地方に上陸し、一八時間後に東京へ達するのです。一方、夏の噴火であれば、火山灰は北朝鮮の北東部からロシア南東部にかけて飛来するでしょう。

　確実なのはどの季節でも、火山灰

が漂う空域を通過する航空機は、すべて運航停止に追い込まれるということです。実は、航空機にとって火山灰は大敵です。エンジンに吸い込んだ火山灰が高熱で溶け、排気口に付着します。最悪の場合、エンジンが停止して、墜落に至ります。

実際に、一九八二年にインドネシア上空で、また一九八九年にはアラスカ上空で、そうなりかけた事例があります。ともにエンジン再稼働に成功し、緊急着陸によって大惨事は免れたものの、火山灰の怖さを強く印象づけました。したがって火山灰が浮遊する空域では、国際的な取り決めで全面的に飛行禁止となるのです。

もちろん飛行機だけではなく、各種の精密機械などにも火山灰は確実に大打撃を与えます。その被害は、産業・交通にとどまりません。一例をあげるだけでも、ぜんそくなど呼吸器疾患を持つ人が火山灰の微粒子を吸い込むと症状を悪化させるでしょう。火山灰の降る地域では医療機関がパンクする恐れもあります。

白頭山噴火による経済的損害は、未曾有の規模になります。韓国や日本も「対岸の火事」というわけにはいきません。韓国の政府機関は、韓国全域に火山灰が積もった場合、最大で一一兆ウォン（約一兆二〇〇〇億円）の経済被害が出るという予測を発表しました。その後、日本政府も遅ればせながら対応を開始し、二〇一四年の参院予算委員会で、安倍晋三首相と岸田文雄外相が白頭山噴火に関する情報収集を行っていることを明らかにしました。

白頭山が噴火すれば北朝鮮国内に大量の避難民が発生し、国境を接している中国へなだれ込む恐れがあります。さらに北朝鮮の国力低下で政情不安が発生し、朝鮮半島情勢が大きく変化する可能性もゼロではありません。もはや一地域の自然災害ではすまず、混乱は東アジア全体にまで波及するリスクをはらんでいます。

巨大地震と連動するか？

ここで、もうひとつの懸念材料として、白頭山の噴火が、近年東アジアで起きている地震と連動するかどうかについて見ておきましょう。東日本大震災や、これから起きる南海トラフ巨大地震との関係は、非常に気になるところです。

ここでも「過去は未来を解く鍵」という地学のセオリーにしたがって、歴史上どのような地学現象が起きたかを調べてみます。火山学者の谷口宏充・東北大名誉教授は、過去一一〇〇年間の白頭山の噴火と海で起きる巨大地震の発生年代を分析しました。その結果、谷口教授は、噴火と地震との間には相関があると発表しました。

韓国や中国に残された文献記録などを調べたところ、一四世紀以後に少なくとも六回、いずれもマグニチュード8以上の巨大地震が発生した前後に、白頭山の噴火が起きていたのです。具体的には、一三七三年、一五九七年、一七〇二年、一八九八年、一九〇三年、一九二五年に白頭山は噴火しましたが、その前後に巨大地震が発生していたのです。

こうしたデータから谷口教授は、白頭山は二〇一九年までに六八パーセント、二〇三二年までに九九パーセントの確率で噴火を起こすと予測しています。この予測は二〇一一年に東日本大震災が起きたことも関係します。ちなみに、九四六年の大噴火も、八六九年に東北地方の太平洋沖で起きた貞観地震と関連が強いと考えられます。

しかし一方では、過去の統計にもとづき今後の噴火を予測する方法論に、異議を唱える専門家も少なからずいます。白頭山がこれから噴火する活火山であることは事実としても、噴火の時期を具体的に予測することはきわめて困難であるという主張です。

このように白頭山の噴火時期に関しては、火山専門家の間でも見方が分かれているのが現状なのです。

地下のマグマ観測

では現在、白頭山の地下はどうなっているのでしょうか。実は、白頭山はここ数年、活発な活動を示しており、噴火の兆候ではないかと世界中から注視されています。中国と北朝鮮は一九八五年から火山観測を始めました。中国は地震計、傾斜計、ＧＰＳ、温泉水などの観測、また北朝鮮は地震計、地磁気、ラドン、水温などの観測をそれぞれ行っています。

それによると、二〇〇二年から二〇〇五年に頂上付近で火山性地震が増加し、また温泉水の温度上昇と、火山ガスの噴出が認められたと報告されています。さらに測量の結果、山頂付近で隆起が確認されたという報告もあります。

しかし、それ以後は特段の変化が見られないため、中国と北朝鮮の専門家は、近い将来の噴火については否定的です。一方、マグマ供給の事実はあるので、噴火の準備が進んでいることは確かです。

その後、アメリカ、イギリスの科学者も現地に入り、中国、北朝鮮とともに地震波による調査をした結果が発表されました。地震波が硬い岩盤を通ってきたのか、溶けてドロドロになった中を通ってきたのかを判断したのです。

その結果、白頭山の下には岩石が部分的に溶けたマグマだまりがあることが判明しました。しかし、その中にあるマグマの総量まではわかりませんでした。

このマグマは過去に大噴火を起こしたものと同じで、いま起きているさまざまな火山活動の原因と考えられます。白頭山が噴火のスタンバイ状態にあることは確かですが、何をきっかけに、またいつ噴火が始まるかは予測できない、というのが専門家に共通する見解です。

ピナトゥボ火山の大噴火

白頭山の巨大噴火が懸念されるのには、別の側面からの理由もあります。かつて、火山噴火が国際政治に影響を与えたことがあるからです。

一九九一年、フィリピン・ピナトゥボ火山が大噴火を起こし、風下にあった米軍基地が使用不能となりました（第9章の扉写真を参照）。極東で睨《にら》みをきかせていたクラーク空軍基地が、火山灰により封じ込められてしまったのです。

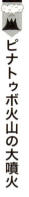

大被害を受けた基地を復旧するには多額の費用がかかります。これに加えて、当時のフィリピン国内には、反米世論の高まりがありました。米軍は撤退せざるを得ない状況に追い込まれ、基地はフィリピンに返還されました。米軍は一九九二年までにフィリピン全土から完全撤退し、極東の軍事地図が書き換えられたのです。

ところが、三年後の一九九五年、中国軍がフィリピン近海の南沙諸島にあるミスチーフ礁を占拠しました。フィリピン駐在の米軍が消えたことにより軍事力の空白が生まれたことで、それに乗じた中国が実効支配を開始したとみられています。そしてその後も、中国軍は撤退していません。

さらに二〇一二年に、中国がスカボロー礁を占拠するに至り、フィリピンのアキノ大統領（当時）は対中姿勢を硬化しました。二〇一三年に東南アジア諸国連合を巻き込み、ハーグの常設仲裁裁判所に中国を提訴する手続きを開始しました。

二〇一四年になると、フィリピンはアメリカと新しい軍事協定を結び、国内の空軍基地に米軍を入れることに合意しました。この協定で米軍は二五年ぶりに復帰し、フィリピンに駐留することが決まりました。中国との領有権争いになると、フィリピンは自軍だけで立ち向かうことができません。よって米軍のフィリピン派遣を拡大することで、南シナ海の軍事拠点化を進める中国に対抗しようとしたのです。

その後、二〇一六年五月に行われたフィリピン大統領選では、過激な言動で注目される検察官出身のドゥテルテ氏（ダバオ市長）が圧勝しました。日米と連携をとりつつ中国に対抗した前政権の戦略を新大統領がどう継承するかが、国際的にも注目されています。

実は、地球科学の観点からは、こうした波乱含みの国際情勢をすべて吹き飛ばしてしまうのが火山噴火と言っても過言ではありません。

ピナトゥボ火山も含めて、噴火スタンバイ状態にあるフィリピンの活火山が大噴火すれば、全状況が再変更を余儀なくされます。たとえば、協定で米軍が利用できるようになった施設には、南シナ海に面するスービック海軍基地も含まれますが、この基地はピナトゥボ噴火によってクラーク空軍基地とともに放棄された基地だったのです。

フィリピンの事例は、国内に多くの活火山をもつ日本にとっても他人事ではありません。たとえば、被害がもっとも懸念されている富士山が大噴火すれば、偏西風の風下にある厚木基地などの米軍は動けなくなる可能性があります。

白頭山と同様に、富士山に関しても、いつどのような規模の噴火が起きるかについて、残念ながら現在の火山学では予知できないのです。これに関しては拙著『富士山噴火』（ブルーバックス）にくわしく解説しましたので参考にしてください。

文明を滅ぼした噴火

巨大噴火によって滅ぼされた文明もあります。いまから七三〇〇年ほど前に日本列島で起きた例を紹介しましょう。

鹿児島沖の薩摩《さつま》硫黄《いおう》島で巨大噴火が発生し、大量のマグマが出ました。海底に巨大な鬼界カルデラが誕生し、残りの地域が小さな島として残りました（図9－8）。

噴出した高温の火砕流は、海をやすやすと越えて流走し、九州本島に上陸しました。そして南九州一帯を覆いつくし、焼け野原としてしまいました。これに加えて大津波と大地震が発生し、当時、ここで暮らしていた縄文人を襲ったのです。

このときの火砕流で、縄文人が全滅したことが考古学の調査で判明しました。火砕流の下にある土壌の中に、南方系の土器が入っていました（図9－9）。一方、火砕流の上にある土壌から、それとは形式のまったく異なる土器が発見されました。

おそらく南九州で暮らしていた縄文人が火砕流で絶滅し、彼らの土器の文化が断絶したと考えられます。それから数百年が経過し、北から入植した人々が新しい形式の土器を持ち込んだのでしょう。

巨大地震はいくら激しくても、文明を滅ぼすまでには至りません。ところが巨大噴火は、広大な土地を焼き尽くすので、文明そのものを滅ぼすことがあります。

東アジアで起きる巨大噴火では、現代もなお、その懸念がぬぐい去れないのです。

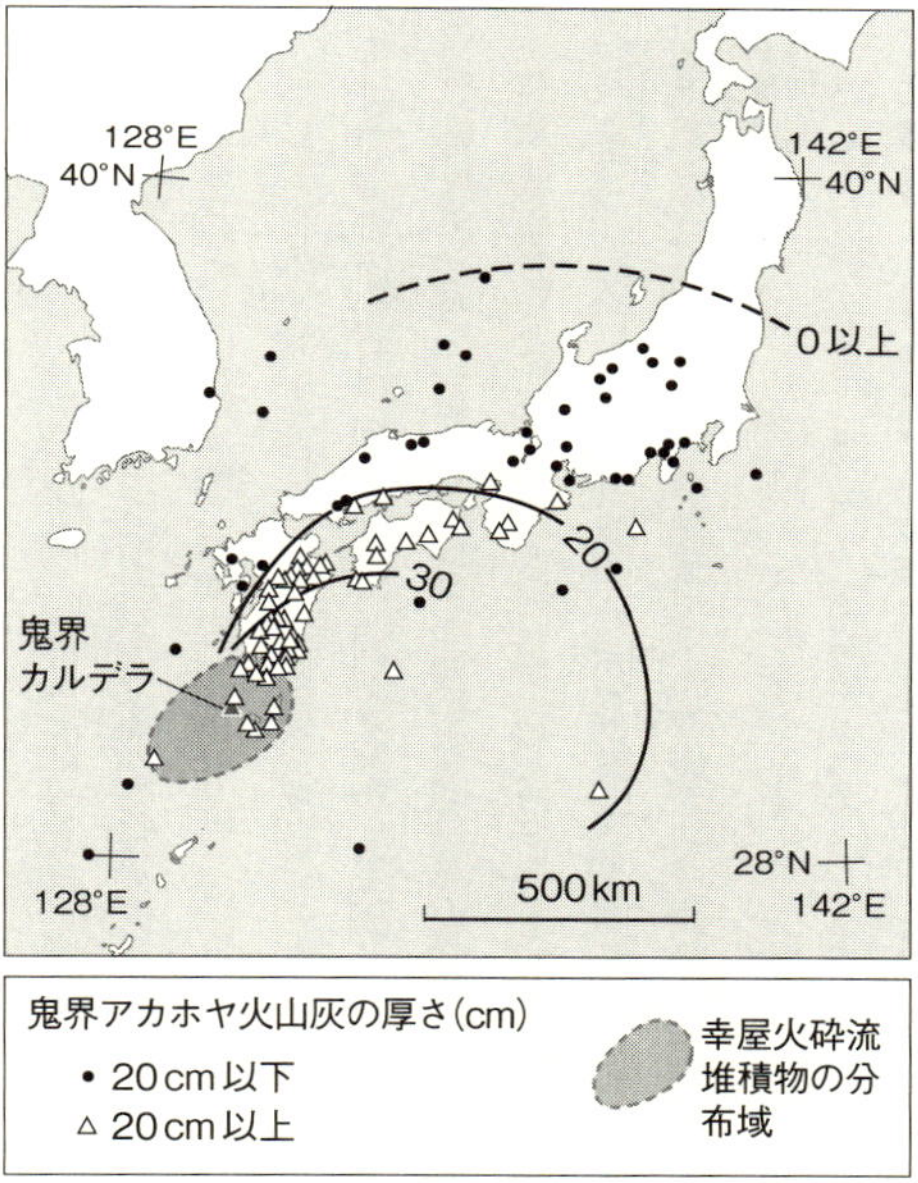

図9－8　鬼界アカホヤ火山灰が堆積した厚さと幸屋火砕流の範囲（町田洋氏による図を一部改変）

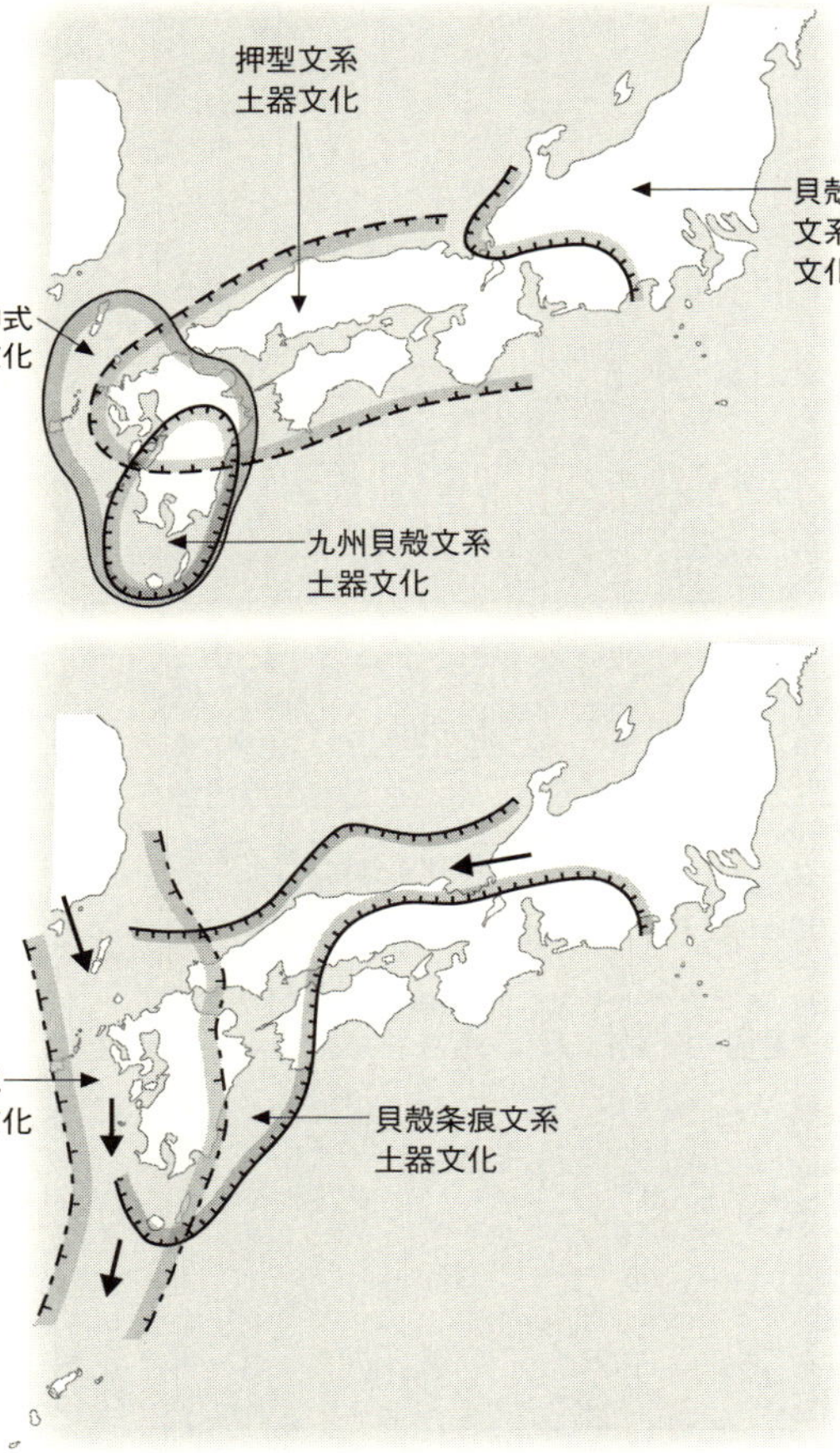

図9-9　アカホヤ火山灰と同時期に噴出した、7300年前の幸屋火砕流堆積物の上下の地層から出土した土器（上：噴火以前　下：噴火後）
土器の形式がまったく異なっている
（町田洋氏と小島圭二氏による図を一部改変）

日本列島の巨大噴火

　では日本をとりまく巨大噴火のリスクについて考察してみましょう。

　最初に、カルデラをつくるほどの巨大噴火が起こる頻度を見てみます。日本列島では最近一二万年の間に、タンボラ火山や鬼界カルデラ（噴出堆積物量一七〇立方キロメートル、マグマ量六〇立方キロメートル）の噴火に匹敵するような大量のマグマが出た巨大噴火が、約七〇〇〇年に一回の頻度で起きました。

　最後に起きた巨大噴火は七三〇〇年前ですので、単純計算すると次の巨大噴火はいつ起きても不思議はないことになります。

　もう一つ重要なことは、巨大噴火を引き起こすカルデラ火山は日本列島の全域にあるわけではなく、地域的な偏りがあり、前述のように九州、北海道、そして東北北部に集中しているということです（図9－1参照）。

　しかも、カルデラ火山は一回の活動だけで終わりということはなく、熊本県の阿蘇カルデラのように、数万年の間を置いて四回の巨大噴火を起こした例もあります。白頭山も一〇〇〇年ほど巨大噴火を休んでいましたが、長い休止期のあとに巨大噴火を起こしました。

　よって今後も、過去に巨大噴火が起きたカルデラ火山で、再び巨大噴火が起こる可能性が高いと考えてよいでしょう。噴火はもともと頻度が低い現象なのであまり知られていないのですが、自然災害のリスクとしては非常に重要です。

なお、リスクとは、起きる頻度と被害の規模をかけて算出される量です。カルデラ火山の噴火は頻度が低くても被害が甚大なので、リスクとしては大きな値になるのです。

こうした巨大災害に対しては、一〇〇年あるいは一〇〇〇年という長い時間軸で見る必要があります。これまでの章でも指摘したように、南海トラフ巨大地震は一〇〇年に一回の頻度で起き、東日本大震災クラスの超巨大地震は一〇〇〇年に一回の頻度で発生しているからです。

前述したようにこれを私は「長尺の目」と呼び、そのような視座の必要性を説いてきました。忙しい現代人は、こうした時間軸で見ることが一番苦手なので、ことあるごとに注意を喚起しているのです。

なお、巨大噴火は突然始まることはなく、その前には規模の小さな噴火が多数起きます。前兆となる中小の噴火が立て続いて起こり、最後に巨大噴火というクライマックスを迎えるのです。

世界の例で見ると、国立公園としても有名なイエローストーン・カルデラや、カリフォルニア州のロングバレー・カルデラの地下では現在、マグマが大量に溜まっています（第6章の扉写真を参照）。これらのカルデラの地下では、時折、火山性の地震が発生し、いまでもマグマの活動は止まっていません。

しかし、巨大噴火が具体的にどのような経過をたどって起きるのかは、いまの火山学ではまだわかっていません。したがって噴火が始まったら、様式や規模がどう変わってゆくのか、注視することが大切です。地下にあるマグマをたえず監視し、変化を追いかけてゆくしか、噴火に立ち向かう手はないのです。

現在、気象庁は、噴火しそうな五〇個の活火山に対して「常時観測火山」に指定し、二四時間体制で観測を続けています。日本にはいま、一一〇個の活火山が存在しますが、そのうち約二〇個の火山が東日本大震災以後に活発化しています（図９‐１参照）。

前章でも述べたように、こうした活動は東日本大震災を引き起こした巨大地震と密接に関連しています。その後も噴火災害は、二〇一四年の御嶽《おんたけ》山や、二〇一五年の箱根山などで起きています。現在は地震や噴火が頻発する「大地変動の時代」の最中なのです。

繰り返しますが、巨大噴火は頻度の低い現象ではあるものの、日本でもいつか必ず起きます。一〇〇年に一度の巨大地震、七〇〇〇年に一度の巨大噴火といわれても、日常生活では想像もできませんが、そうした時間と規模で動く日本列島の地盤に、われわれは住んでいるのです。

こうした事実に目を背けることなく、一〇〇年や一〇〇〇年のスケールで考えながら自然災害に対処しなければなりません。「長尺の目」を持ち、東日本大震災を機に始まった「大地変動の時代」を乗り切っていただきたいと願っています。

あとがき——おもしろくて役に立つ地学

地学では、時間的・空間的に非常に大きなスケールで自然界を捉えます。たとえば、四〇億年も大昔の事件を考え、地下六〇〇〇キロメートルもの深さにまで思いをめぐらしてみるのです。このように常識とかけ離れた視点で見ると、ものごとがまったく違って見えてきます。これが地球について学ぶおもしろさの第一です。

また、地学ではこれまで、物理学・化学・生物学など諸科学を援用しながら、さまざまな視座で地球を眺めてきました。その結果、プレート・テクトニクスからプルーム・テクトニクスまでの、地学の基本となる考え方が誕生したのです。

プレート・テクトニクスによって、地球を見る視点は静的な見方から動的な見方へと一気に変化し、のちに「地球科学の革命」と呼ばれるようになりました。さらに、その後に展開したプルーム・テクトニクスによって、地球表層の現象だけでなく、マントルから核までの地球全体を把握するようになりました。「第二の革命」ともいえるこの理論は日本の研究者が中心となって確立されたもので、現在も研究が進行中です。

地球は長い時間をかけて進化してきましたが、われわれの地学も、かつての天動説の時代から、長い年月にわたって自然を見る視座を変えながら、大きな進化をとげてきたのです。本書を読んでいただけば、そのことがよくご理解いただけるかと思います。

地学にはもう一つ、重要な役割があります。それは地震や火山噴火によって生じる自然災害に関する知識を提供してくれるという側面です。本書の後半でもくわしく解説しましたが、日本列島に暮らすわれわれは、南海トラフ巨大地震やカルデラ噴火などについて、あらかじめ知っておく必要があります。知識があれば、被害を減らすことが可能だからです。

さらに、これらに加えてもう一つ、地学から学べる大事なことがあります。それは「想定外」を生き延びるための「知恵」です。これも四六億年にわたる地球と生命の歴史が教えてくれることです。

二〇一一年に発生した東日本大震災（いわゆる「3・11」）以来、「想定外」という言葉が氾濫しています。マグニチュード9という巨大地震が起きることを専門家も想定できず、二万人近い犠牲者が出ました。さらに、二〇一四年の御嶽山で発生した戦後最大の噴火災害は、私たち火山学者にとってまったくと言ってよいほど想定外の惨事でした。

一方で、「3・11」から五年が過ぎた二〇一六年四月に熊本地震が発生し、熊本から大分まで震源が広がるなど、前代未聞の災害が続いていますが、こうした内陸地震は過去の歴史に照らせば、約二〇年後に発生が予想される南海トラフ巨大地震に向けて西日本で直下型地震が増加するというシナリオの一部なのです。これも地学が明らかにしたことですが、一般社会では「想定外の震災」という受けとめられ方が大半でした。

ここで「想定外」という言葉について、吟味してみましょう。地学的には、その使われ方について、三つの異なる内容が含まれているのです。

一つ目の想定外は、「3・11」を地震学者も正しく想定していなかったことです。宮城県の沖合に三十数年ほどの間隔で繰り返されるマグニチュード7・5程度の地震は想定していましたが、よもやその何百倍も大きな巨大地震が起きるとは、予想だにしていなかったのです。現実に起きてみると、一〇〇〇年に一度しか発生しないような非常に稀な現象であり、専門家ですら不意打ちを受けてしまったのです。

二つ目の想定外は、地面の下には地震を起こす活断層が数多く隠れているという事実です。大都市の下に埋もれている活断層は、十分な調査が進んでいないため、地震が起きてから断層が発見されることがよくあります。すなわち、いくら頑張って調べても日本列島には「未知の活断層」がまだ隠れているのです。

三つ目の想定外は、地震という破壊現象そのものに関する想定外です。地震は地下の岩盤が急速に割れることで発生しますが、この現象には物理学でいう「複雑系」の要素が含まれているのです。

つまり、天然の岩石は複雑な物質で構成されるため、いつ、どこで割れるかを予知することは、不可能に近いのです。だから、たとえ現代最速のコンピュータを駆使しても、地震の発生を「何月何日何時に発生」といったレベルで予知することは、原理的に無理なのです。

そもそも地学とは、複雑系の代表ともいえる地球そのものを扱う科学です。そのため地学が、数学や物理学や化学に比べると非常に不利な状況で科学を進めていることは、あまり知られていません。そのことを「可逆」と「非可逆」という概念で見てみましょう。

自然界には同じことが繰り返し起きる「可逆現象」と、二度と起こらない「非可逆現象」があります。地学以外の科学が扱う物理現象や化学現象では、同じことが繰り返し起きることをベースにしているので、近似的にせよ「可逆」とみなすことができます。

それに対して、地学が扱う現象には「非可逆」が満ちています。つまり、実際には地球上の現象はすべて非可逆現象であり、時間とともに変化するのが自然の姿、すなわち「常態」です。こうした理由から、地震や噴火の予知が難しいことは容易に理解できると思います。

人間にとって予知がいかに困難であっても、地球の常態は変わりません。そして「3・11」以後、私があらゆる機会をとらえてアウトリーチ（啓発・教育活動）しているように、日本列島は一〇〇〇年ぶりの「大地変動の時代」に入ってしまったのです。

本書で何度か繰り返し強調した「過去は未来を解く鍵」という視座で地球の歴史を振り返ると、平安時代の九世紀は地震と噴火が頻発した時期であり、いまは当時ときわめてよく似た状況にあります。熊本地震をはじめとして近年の日本列島で頻発する地殻変動も、東日本大震災に誘発された長期変動の一つと読み解くことができます。地球科学者の立場から未来予測すると、日本列島ではこれからも地震と噴火は止むことはないでしょう。

フランシス・ベーコンが説いた「知識は力なり」にしたがうと、変動期が再来した現在こそ、地学の知識が必要とされています。この日本で生き延びるためには、先に述べた三項目にわたる「想定外」を理解することから始めていただきたいと思います。

本書によって多くの方々が地学に興味を持ち、地球のダイナミズムに感動しながら、自分の身を自らで守る知恵を身につけることを心より願っています。何と言っても地学のキーフレーズは、「おもしろくて役に立つ」なのです。

最後になりましたが、企画の立案から文章の推敲まで大変お世話になりましたブルーバックス編集部の山岸浩史さんに厚く感謝を申し上げます。

日本列島の未来に思いを馳せつつ

鎌田浩毅

発刊のことば

科学をあなたのポケットに

二十世紀最大の特色は、それが科学時代であるということです。科学は日に日に進歩を続け、止まるところを知りません。ひと昔前の夢物語もどんどん現実化しており、今やわれわれの生活のすべてが、科学によってゆり動かされているといっても過言ではないでしょう。

そのような背景を考えれば、学者や学生はもちろん、産業人も、セールスマンも、ジャーナリストも、家庭の主婦も、みんなが科学を知らなければ、時代の流れに逆らうことになるでしょう。

ブルーバックス発刊の意義と必然性はそこにあります。このシリーズは、読む人に科学的に物を考える習慣と、科学的に物を見る目を養っていただくことを最大の目標にしています。そのためには、単に原理や法則の解説に終始するのではなくて、政治や経済など、社会科学や人文科学にも関連させて、広い視野から問題を追究していきます。科学はむずかしいという先入観を改める表現と構成、それも類書にないブルーバックスの特色であると信じます。

一九六三年九月

野間省一

N.D.C.450　286p　18cm

ブルーバックス　B-2002

地学《ちがく》ノススメ
「日本列島のいま」を知るために

2017年 2 月20日　第1刷発行
2018年 4 月 6 日　第5刷発行

著者　鎌田浩毅《かまたひろき》
発行者　渡瀬昌彦
発行所　株式会社講談社
〒112-8001　東京都文京区音羽2-12-21
電話　出版　03-5395-3524
販売　03-5395-4415
業務　03-5395-3615
印刷所　(本文印刷) 慶昌堂印刷株式会社
(カバー表紙印刷) 信毎書籍印刷株式会社
製本所　株式会社国宝社

ISBN978－4－06－502002－9

さくいん

※図版の説明文に記載されたものは斜体で記した